Architecture Dramatic 丛书

风·光·水·地·神的设计
——世界风土中寻睿智

[日] 古市彻雄 著

王淑珍 译

马 俊 校

中国建筑工业出版社

著作权合同登记图字：01-2005-0948号

图书在版编目（CIP）数据

风·光·水·地·神的设计／（日）古市彻雄著；王淑珍译，马俊校.
北京：中国建筑工业出版社，2005
（Architecture Dramatic 丛书）
ISBN 978-7-112-07818-9

Ⅰ.风..：　Ⅱ.①古...　②王...　③马...　Ⅲ.城市规划－建筑设计－文集
Ⅳ.TU984-53

中国版本图书馆 CIP 数据核字（2005）第 124435 号

责任编辑：白玉美　刘文昕　率　琦
责任设计：郑秋菊
责任校对：刘　梅　王金珠

Japanese title：Kaze · Hikari · Mizu · Tsuchi · Kami no Dezain—Sekai no Fudo ni
Eichi wo Motomete by Tetsuo Furuichi
Copyright © 2004 by Tetsuo Furuichi Original Japanese edition
Published by SHOKOKUSHA Publishing CO., Ltd., Tokyo, Japan

本书由日本彰国社授权翻译出版

Architecture Dramatic 丛书
风·光·水·地·神的设计
——世界风土中寻睿智

[日] 古市彻雄　著
王淑珍　译
马　俊　校

中国建筑工业出版社出版、发行(北京西郊百万庄)
新　华　书　店　经　销
北京嘉泰利德公司制版
北京云浩印刷有限责任公司印刷
*
开本：787×1092 毫米　1/32　印张：7¾　字数：180 千字
2006 年 1 月第一版　　2007 年 4 月第二次印刷
定价：25.00 元
ISBN 978-7-112-07818-9
　　　　（13772）

版权所有　翻印必究
如有印装质量问题，可寄本社退换
（邮政编码 100037）
本社网址：http://www.cabp.com.cn
网上书店：http://www.china-building.com.cn

前　言

寻访创造历史的城市与建筑

何为城市命题的讨论，一直只局限于欧美西方社会的框架之中。形成城市基础的思路为，从上部结构到下部结构，在形成结构层次的过程中，构成了树状结构。这就是构成欧洲现代合理主义的根本。现代城市规划或许就是现代合理主义最简明易懂的实例。再通俗一点来说，就是用条理清晰的模式表现出城市来，巴西利亚可说是一个典型的现代城市代表。它是一座人造城市，把城市功能比作喷气式飞机的形态，结构流畅，通俗易懂，深得人们的好评。

这些按近代建筑师提案规划过的城市，几乎都出于同一思路，而且这些方案都通俗易懂。假定从几万米的高度俯瞰其城市布局，将有无限美好的形态呈现在眼前。也就是说，城市是被设计出来的。在这里不允许存在矛盾，必须是完美无缺的。城市设计的核心是区域规划。只有区域规划才是形成现代城市规划的基础。把城市规划比作为一棵树，称它为树状结构。树状结构正如其名称表示的那样，有树根和树干，再从大树枝到小树枝，无限地延伸，形成结构层次。

结构层次即为一种秩序。从城市的中心、核心到个人住房、直至个人房间，就像从树干到大树枝，大树枝到中树枝，中树枝到小树枝，直至树叶，必须通过所有的途径。

然而，我们还会看到很多不具备树状结构的城市。比如，人们在泰国曼谷街区就可以看到这种特点。即便是从几万米的高空俯瞰曼谷的街区，大概也很难看明白这座城市的结构。这座城市是沿着弯弯曲曲穿越市中心的昭披耶河，天然形成了它的独特形态。若要看这里仅有的人造城市结构，也就只剩下铁路和公路了。

能有无结构的城市吗？

泰国曼谷就足以说明这一点。

该城市的政治设施——王宫建筑群，绝对是这座城市的一大标志。然而并不能认为曼谷就是以王宫为中心进行城市建设的，原因是这座城市的中心不止一个。

曼谷不存在像巴西利亚及现代城市规划的特征，没有区域规划的观点。因依靠水上交通而自然产生的条件变化，现在达到了平衡。也就是说这座城市与时俱进，根据当时的自然条件，动态地改变着这座城市的生态和形态。它是一个超高层建筑与低矮平房共存的城市。在这里，我们看到了未来城市的状态。

人的欲望会引发出商业与工业，然而，世界上也还存在没有奢欲的生活形态。

例如蒙古的游牧民族，他们不需要建造自给自足的城市。而且，为追逐丰盈的草场，牧民要与羊群一道转移，身边的行装必须轻便。他们只携带最基本的生活用具，过着不断转移的游牧生活。说他们几乎没有物质欲望也并非言过其词，草原上既无商业，也无工业，就连构筑商业、工业框架的基础设施也不存在。

现代社会正在扩大、扩展着人们的欲望。

通过共同体已经被公有化的欲望也在逐渐地走向多元化、复杂化。

在被公有化的时代，城市或许能够保持树状结构。

但是，对于已习惯市民社会（17~18世纪由洛克·罗索等人提倡的，以自由、平等的个人理性组合起来的社会——译注）生活的现代人来说，要把他们硬塞到树状结构的城市是不可能的。随心所欲的欲望拒绝着规则和程序。

无区域规划的城市。一切都可以同时存在于相同地点的街道。

我们可以在泰国曼谷和香港街道上看到此种现象。但是,无结构的城市是否可以独立存在呢?

若将一个整体的城市和建筑串连起来,就需要有各种各样的连接设施。

本书首先以这种连接设施的观点切入观察城市的话题,然后再将视点放在单栋建筑物如何与城市关联的问题上。实例既有整个城市为树状结构体,建筑是城市的下部结构,直到建筑的细部为止,城市的整合性包容了建筑的全部,且结构清晰,如印度的昌迪加尔和巴西的巴西利亚;另外也有像泰国曼谷那样没有明确结构的城市;除此之外,还有树状结构以外的东西把建筑连接起来之后造就的城市。形成城市的原因各种各样,如宗教、气候、防御的目的、历史,或者地形、生产体系、政治体系等等。

既然要谈城市与建筑关联的问题,就必须解读实现建筑的条件和依据该条件的原因,这些条件和原因必将给现代建筑师们带来很多启示。

作者本人的职业就是搞实际建筑,所以有时要倾心关注人们的生活与设计,书中所及内容有时会偏离主题。但这里要特别说明的是,本书并非以论文形式书就,偏离主题的内容完全是为了说明某种事情才有意写入的。

全书共分五章,各章分别列举一种实例论述城市到建筑,乃至建筑细部的情况。这些实例均为本人实地考察过的地方。书中采用的实例除极少数之外,均有意识地舍弃了西方社会的内容。并尽其所能地从宽广的范围中收集实例。实例涉及到非洲热带、中近东的沙漠,以至蒙古和中国东北的寒冷地区等。这些实例城市分别以各种形态与自然共存。我们生活在现代社会中,但可以从这些实例中学习到很多东西。

旅行对从事建筑行业的人们来说是极为宝贵的财富。

宛如储存钻石与金条。

所以,本书卷末为准备造访这些地方的人们提供了观光旅游信息。本人特别推荐有兴趣的朋友能够实地去看一看。

古市彻雄
2004 年 2 月

豪萨清真寺（尼日利亚卡诺）

通红的柱廊也是光彩夺目的祈祷空间（中国西藏）

非洲样式的房屋（尼日利亚扎里亚）

葡萄干晾晒房的外观（中国新疆吐鲁番）

毫无例外全部相同设计的萨那古城（也门）

沙漠中的曼哈顿，希巴姆（也门）

偏离中轴线的伊斯兰教寺院尖塔（埃及开罗）

沿墙壁洒落下来的阳光（中国西藏）

杰弗里·巴瓦的住宅。有凸腹圆柱的庭院与水池(斯里兰卡)

杰弗里·巴瓦的住宅。由木柱廊和水池构成的第二个内庭(斯里兰卡)

水平台座上的回廊（柬埔寨）

装有BS天线和风力发电设备的蒙古包
（蒙古） 摄影／浅川敏

水上村落里的小巷（文莱）

法国占领时期建造的水塔（越南）

政府综合大楼中间部位的长官办公区(印度昌迪加尔)

广场正门与清真寺偏离45°斜角（伊朗依斯法罕）

斜向大海的西侧城墙（克罗地亚杜布罗夫尼克）

城墙与瞭望台(中国山西平遥)

旧满洲时期的中央银行总行内部(中国东北)

突现于眼前的城堡(叙利亚阿勒颇)

犹太教的"哭墙"(巴勒斯坦耶路撒冷)

戈普拉的外观（印度马杜赖）

目 录

目 录

前言 寻访创造历史的城市与建筑	3
第一章 风——智慧与技巧	21
1．吐鲁番（中国新疆维吾尔自治区）盛产葡萄干的城市	22
2．黑尔塔尔大草原（蒙古）风与草原和蒙古包生活	30
3．阿布贾（尼日利亚）非洲热带大草原的新首都规划	42
4．婆罗州（马来西亚）住宅建筑城市——伊班族的联排式多户住宅	58
第二章 光——空间的变幻艺术	65
1．拉萨（中国西藏）西藏的阴翳礼赞	66
2．萨那和希巴姆（也门）阿拉伯的宝石箱	76
3．开罗（埃及）在喧闹城市中开劈出来的空间	
——伊本·土伦清真寺	90
4．科伦坡（斯里兰卡）光与空间的魔术师、	
杰弗里·巴瓦的三所住宅	96
第三章 水——自然创造出来的城市	113
1．斯里巴加湾市（文莱）水上城市——坎蓬·爱雅	114
2．吴哥窟（柬埔寨）热带丛林中的贵夫人	122

3．河内（越南）诞生在河中沙洲的城市 …………………………… 130

4．杜布罗夫尼克（克罗地亚）由斜坡、城墙和大海守护的城市 …… 148

第四章 地——描绘在大地上的城市 ……………………………… 159

1．昌迪加尔（印度）描绘在大地上的超级城市 …………………… 160

2．平遥（中国）结构层次分明的城市

——无止境地从外向内深入的空间 ………………………… 180

3．阿勒颇（叙利亚）UFO降临过的都市 …………………………… 190

4．旧满洲（中国）日本侵华时期的巴洛克式城市 ………………… 196

第五章 神——绝对的支配力 ……………………………………… 211

1．马杜赖（印度）遵从建筑轴线的城市中轴线 …………………… 212

2．伊斯法罕（伊朗）与麦加轴心线交叉的城市中轴线 …………… 218

3．耶路撒冷（以色列）四大宗教聚集的都市 ……………………… 230

实地旅游信息 ………………………………………………………… 238

后记 …………………………………………………………………… 241

第一章 风——智慧与技巧

1
吐鲁番（中国新疆维吾尔自治区）
盛产葡萄干的城市

the Silk Road在中文里称之为丝绸之路，它西起罗马东到日本，丝绸之路又分为南北两条路线。一条是走北部鞑靼路线，即草原丝绸之路；另一条是走南边海上航线的海上丝绸之路。出了中国的西域，即出西部的方阳关，穿越塔克拉玛干沙漠，到胡人故乡波斯，再跨过里海到达罗马。这就是日本人熟知的丝绸之路。我寻访这条向往已久的丝绸之路是1994年的10月，先乘飞机从西安出发到敦煌，途中飞经东西狭长的甘肃省上空。

人们熟悉的中国古诗中的酒泉、嘉峪关和玉门等理应在眼下掠过，可惜并未见到。甘肃省的右侧是一望无际的巴丹吉林沙漠，属内蒙古自治区。

左侧景象截然不同，坚硬岩石构成的祁连山脉蜿蜒起伏。祁连山的终点就是敦煌。莫高窟连绵于部分祁连山山脉的断崖之上。

在敦煌逗留数日后，为乘火车前往吐鲁番，要乘汽车到离敦煌最近的柳园火车站，约有2个小时左右的路程。在车上见到，道路两侧皆是荒凉的沙漠（应该叫土漠）。遥望白雪皑皑的阿尔泰山山脉由西向眼前走来。突然，残垣断壁似的遗迹出现在眼前，绵延不绝。后来得知，那就是万里长城的支脉，或许，这就是万里长城的西端了。从柳园车站乘卧铺车，要12个小时才能到达吐鲁番。旅途中的景色使人厌倦，黄沙大漠连绵不断，只有远处突起的岩石点缀其中。在这样的行程中终于到了吐鲁番火车站。从车站到吐鲁番市还需再乘2个小时的公共汽车，白杨树徐徐出现在眼前，前方很快就看到了沙漠中的绿洲城市——吐鲁番市。最好是冬天到这里来。敦煌曾是那么的冷，吐鲁番反而温暖得有些冒汗，这完全是海拔高度的缘故。因这里是低于海平面的洼地，在气象学上来说，海拔高度每升高100m，气温将下降0.6℃。海拔高度下降，气温则相反升高。因此，吐鲁番比周围地方偏暖。我曾经在冬天的某一天，从约旦的安曼到过死海。道路呈陡峭的斜坡缓缓向下，直到死海。在安曼汽车还使用着暖风，到了死海则要开放冷气。因为死海的海拔高度比海平面还低，具有与吐鲁番相同的气象。

到了吐鲁番，人们的相貌也与昨日之前所见到的汉族人截然不同。吐鲁番位于新疆维吾尔族地区，该地区除大城市乌鲁木齐以外，其他地方的绝大部分人都属维吾尔族。维族人原是居住在蒙古高原的少数民族，古称回纥，有着轮廓清晰的面孔。维族人在灭掉了逞威该地区的突厥之后建立政权。唐朝安史之乱的时候，处于鼎盛时期,还曾向唐朝输送过援军。10世纪中叶,由于吉尔吉斯的入侵而灭亡,部分逃亡离散的维族人移居到了吐鲁番并建立了王国。

我还曾到过乌鲁木齐、位于巴基斯坦国境北部的喀什,所见维族人无不具有独特轮廓清晰的面孔。

吐鲁番曾是丝绸之路上的名城重镇。看一下塔克拉玛干沙漠的地图便可得知,在丝绸之路上,商队行驶的路线曾像网眼一样交错在沙漠中,但大部分路线必须经过吐鲁番。这里是丝绸交易之路的重要关口。自古以来,吐鲁番就相当昌盛。作为沙漠中的绿洲城市,可供丝绸之路的商人歇息休整。离此不远之处,现已成为废墟的高昌故城,直到元朝一直是一座有上千年历史的繁荣古都。据说,唐僧法师(玄奘)为求法典前往印度的途中,曾在此停留了一个多月。以大唐西域记为蓝本描述的孙悟空故事,也曾出现过这个地方。唐僧借助孙悟空的力量,制服烧山魔王的这座山,就是吐鲁番郊外的火焰山。正像火焰山名字一样,这是一座灼热、宛如烈火燃烧一样的山峰(照片1)。

照片1　火焰山风光

吐鲁番盆地开发得很早，故受到不少异民族，如突厥、吉尔吉斯、蒙古等民族的入侵。为此，交河古城、高昌故城等不少王国兴亡的遗迹现仍散存于周围。还有柏孜克里克千佛洞等佛教遗迹和阿斯塔那古墓群等，仅就这些，就足以令人感受到这里历史的丰富悠久。

但是，能够象征吐鲁番沙漠绿洲之城的东西，非葡萄莫属。汽车跑在吐鲁番的街上，撞入眼帘的是各家庭院无不由葡萄架覆盖着的景象。这是流经城镇的灌溉用水的恩赐。吐鲁番人称它为"生命之水"。该水是来自遥远的天山山脉融雪水，通过地下坎儿井暗渠送到吐鲁番。

修成地下暗渠是有道理的，由于地表过于干燥，若水流经地表到达这里恐怕也就蒸发完了。由恩惠之水培育出的吐鲁番葡萄晶莹剔透，绿色薄皮，入口之香实为一绝。听吐鲁番的人说，这里的葡萄不要单个品尝，要抓一把放入口中，香气从鼻孔窜出，十分耐人寻味，亲身感受确实如此。吐鲁番的人们很早以来一直将葡萄晾晒成葡萄干。

离开市镇，即可见到青翠繁茂的葡萄园。其中，尤以城北、以及火焰山西部山谷一带的葡萄更为繁茂。来到这里，简直令人难以置信，身在干旱无比的沙漠之中，葡萄树密密麻麻，美丽的葡萄坠弯了枝条。葡萄园里的葡萄干晾晒房一间挨着一间，或散落在葡萄园的四周，或搭建在各家住房的屋顶上。走进吐鲁番的城里，可以看到道路两侧住房的屋顶上搭建了难于忘怀的、不常见的有孔墙壁建筑。到了郊外，这种建筑鳞次栉比，宛如也门或摩洛哥的村落一般。然而,进去一看,便会发现因为晾制葡萄干需要通风,房屋都是有规律、有间隔地建造的,里面晾晒了很多葡萄(照片2)。

所有的葡萄干晾晒房都是用土坯建成的简单箱式建筑,四周的墙壁上有无数的孔眼。走近一看,则会发现是用土坯巧妙地排列,砌筑出了很多开口,这是把土坯砖的间隔等距离地排列堆砌而成。墙面上所做的开口节奏在强烈的阳光照射下显得格外美丽,开口的纵向排列非常整齐。在建造方式上也有一些变化,可令参观的人一饱眼福。在房屋建造密集的地方,要先把地面垫高,然后在地面上部再建晾晒房(照片3)。

用土坯砌筑多孔墙,仅此一项就会削弱建筑的极限强度,即便无地震,也需要有承受风力的强度。所以,有的建筑物在背风面一

照片2 葡萄园与葡萄干晾晒房

照片3 葡萄干晾晒房外观

侧设置了扶壁,还有的扶壁做成了曲线形状,很有新意。有的屋檐挑出很大,要用列柱支撑。这里大概不会下雨吧,可能用屋檐遮阳。把屋檐下面当作作业平台使用(照片4)。

晾晒房从地面抬起得越高,通风就越好,可以使葡萄充分干燥。为此,可以见到很多把地面加高,然后在地面上砌筑带孔的晾晒房墙壁。具有如此单纯功能的建筑,而且又是外观多变的建筑恐怕并不多见。进入葡萄干晾晒房后,光线之美景令人赞叹不已。阳光直射面、背阴面、两边的侧面,因墙面的原因,射入到晾晒房内的光线数量明显有异。晾晒房内光线交织,形成了光的绚烂世界。

晾晒房里垂直竖立的圆木上,水平挂着很多晾晒葡萄干的木钩子。每个钩子上都挂着晾晒的葡萄串。葡萄就像是结在树枝上的果实,非常可爱。葡萄在晾晒房里慢慢失去水分。葡萄干的质量取决于晾晒房内的通风好坏。为保持良好的通风,挂葡萄的木棍之间以均匀的间距固定在圆柱上。葡萄在晾晒房中经过一段时间之后,房内会充满冲鼻的酸甜气味。待充分干燥之后,用小棍轻轻一敲,干

照片4 有扶壁的葡萄晾晒房

透的葡萄就会散落在地面上。把葡萄收集起来，就成了晾晒好的葡萄干（照片5）。

集贸市场等地方都有葡萄干出售，堆得尖尖的像小山一样。捧在手上，透过光线，葡萄干有一种透明感，而且很清爽。放入口中，与吃日本的葡萄干面包等味道截然不同，微甜、有咬劲。很快嘴中充满香味，如闭上嘴巴，就会感到香味从鼻孔散发出来。虽不像日本的葡萄那么甘甜，但有独特的香味，其味道也可称之为上乘。果品虽很普通，但如果看日本的水果似乎品种改良过度，已脱离了自然大地，就像工艺品一样装在梧桐木箱之中。这里的葡萄干有一种去其外饰，还其本真的感觉，令人回味。

吐鲁番的葡萄干味道，因地区不同而存有差异。无意中从集贸市场买回了很多，在当地未能吃完，便带回了东京。令人不可思议的是，时过两年味道还十分鲜美。

天山山脉的融雪水与充足的阳光，热而干燥的吐鲁番气候，是在充满魅力的晾晒房中晾制葡萄干的天然条件。不难想像出这种葡萄干曾经为古代丝绸之路上的商旅们提供了多么大的帮助。沙漠绿洲之称的城市——吐鲁番以葡萄著称，至今昌盛不衰。

照片5 葡萄干晾晒房内部

2
黑尔塔尔大草原（蒙古）
风与草原和蒙古包生活

　　每当日本人听到蒙古一词,不知为什么总有一种莫名其妙的恋慕情结。间隔着朝鲜半岛和中国,仍使日本人感到亲近。类蒙古人种在世界上众多的民族中,有着罕见的蒙古斑特征。只有在幼儿时期,才在臀部出现的青记,这在人类学上也是极为少有的。蒙古人、朝鲜人、日本人、爱斯基摩人以及美洲印第安人,还有芬兰人、匈牙利人都有这种蒙古斑。通过陆地地图查寻蒙古斑的传播途径,令人追忆起自古以来蒙古人种走过的足迹。可追寻到北美的印第安人和南美的印第安人,恐怕在白令海峡还是陆地相连的时代,蒙古人种的祖先就已经长途跋涉到了南美。在迁徙的途中,有的人留在了北极海边,这就是现在的爱斯基摩人。定居在北美的蒙古人种就是北美印第安人。很可能在几十万年以前,日本与大陆相连的时候,蒙古人种就来到了日本（图1）。

图1 蒙古族的血统之路

第一次访问蒙古的时间是1986年的8月上旬，盛夏时节。通过空路进入蒙古，当时正好是傍晚黄昏时分，与以往的沙漠景象截然不同，大地一片绿色，而且是被略带黑色的苔藓绿所覆盖。大地宛如波浪一般，高低起伏不平，一直延伸到地平线的尽头（照片1）。

西面天空若隐若现的夕阳余辉，其美景让人叹为观止。无垠的草原，就像整个地球的表面全被这柔软的草地绒毯覆盖一般。静静地观看，竟发现有如米粒一样的白点洒落在草原上。随着飞机高度的下降，很快就知道了，原来那是被蒙古人称之为毡房的牧民住宅。在中国称之为蒙古包，而蒙古人不喜欢这种叫法，叫它为毡房。目前尚不知蒙古高原的人们开始游牧生活的详细起源。蒙古的植被状态，从北到南分为山岳地带、草原地带、沙漠地带，向东西两个方向扩展（图2）。

图2 蒙古国土

照片1 空中鸟瞰蒙古大草原

今天,蒙古民族的生活聚集地有现在的蒙古和以北部贝加尔湖为中心的周边一带,南部的中国内蒙古自治区,以及中国西部的维吾尔自治区(新疆地区)。他们都说蒙古语,过着蒙古式的传统游牧生活。

正是这样一块土地,游牧或许就是蒙古高原上惟一的生存之路。牧民在牧马、放羊、赶骆驼、养牦牛等放牧动物的过程中,不断转移。由于这些家畜靠吃着并不丰足的牧草生存。吃光一个地方的牧草之后,必须转移到其他地方去。平均来说,按春、夏、秋、冬要转移四次。但并不是无计划的转移,而是按每年确定的路线巡回。

这样巡回的结果,避免了有关土地的争斗,确立了分开居住区。冬天的蒙古,最低气温下降到零下40℃,生活变得严峻。冬天的季风,有时风速达到每秒20~30m。为此,冬季,毡房建在小山丘南侧背风处;夏天,毡房就建在小山丘的顶上,夏季的山丘顶上也长满了青草;到了秋天则要转移到温湿度适宜,长满青草的低洼地草场。

牧民的生活食物几乎全部都要从家畜身上获取。由于羊肉属于贵重食品,夏天,仅以马奶发酵后的马奶酒来维持生活。据说,马奶酒中含有人体需要的几乎所有营养成分。无论小孩还是老人,从早到晚只喝这种马奶酒(照片2)。

汽车跑在蒙古草原上,到处可见纵横交错、水源充盈的河流。所有的河流最终都流入北部的贝加尔湖。但是,蒙古人根本

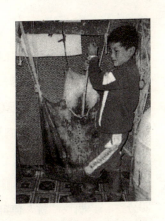

照片2　制作马奶酒的少年

不吃任何鱼，原以为这些河里不产鱼，实际上这里简直就是鱼的宝库。特别是从贝加尔湖向上洄游的大马哈鱼、鳟鱼非常丰富，而且，这里还栖息着日本目前已不复存在的，据说是虚构出来的幻鱼（体长大于120cm）。据说这种幻鱼是凶猛的食肉性鱼种，平时潜在水中，它可以窜出水面，一口吞进在岸边饮水的野兔等动物。牧民不吃如此丰富的鱼，据说是起源于成吉思汗。成吉思汗曾以征服世界为宗旨，开始了一直向西的侵略。古今东西，转移大批的军队时，最重要的问题就是粮草的转移。蒙古军队所以能够快速而又大量地转移，多亏是有了羊群，羊是可以自我行走的食粮。军队拥有可以自己行走的食粮，大概历史上也只有蒙古军队。这是成吉思汗的绝招。据说如果军队开始食鱼的生活，就要在河边定居下来，也就不便转移了。为此，成吉思汗就下禁令，不准吃鱼。

　　牧民可以过着到处移动的生活，是因为有帐篷式的住房，即毡房。提起帐篷式的住房，人们会想到露营所用的单薄帐篷，然而，这里的帐篷表面覆盖有相当厚的毛毡。框架结构采用柳木成型材料，以致框架构成都非常简单。

首先在中间竖起两根称作"把竿"的立柱，立柱上面再架上称作"托诺"的直径1m的圆形天窗（照片3），然后以两根立柱的中间点为中心，把蒙古人称作"杭"的格子结构体作为墙体的框架，竖立在半径约3m左右的圆周上。一般一块"杭"的长度为圆周的四分之一，四块"杭"便可以组成一个圆。"杭"很像玻璃珠穿成的帘子，可以折叠起来（照片4）。

组装到此之后，就开始拼装毡房屋顶。毡房屋顶的材料被称作"欧尼"，在"托诺"和"杭"之间，从圆心开始呈放射状，一根一根地、规规矩矩地排列好。"欧尼"通常涂成红色，其中有的档次很高，表面施以美丽的花纹，做成非常考究的室内装饰。"欧尼"由88根组成，让人感到88这一数字似乎与宗教有着某种关系。蒙古宗教属藏传佛教，88这组数字不会与宗教无缘吧。框架结构的组装完成之后，在"把竿"的中间安放火炉。火炉不仅用作取暖，同时还可作为做饭的火源（照片5）。火炉的烟囱从"托诺"（天窗）直接伸到毡房屋顶的外部。冬天汽车在雪原上行驶时，在零下40℃的世界里，一看到从烟囱里冒出的滚滚浓烟，不知为什么心里就感到热乎乎的（照片6）。然后进入用毛毡苫盖屋顶的作业，"欧尼"不能承重，人不能站到上边去，所以，只能采用从下边往上抛放的方法铺盖毛毡。毛毡上带有绳索，将绳索缠绕、系牢在毡房的周围（照片7）。

照片3　圆形天窗"托诺"

照片5　中间摆放了火炉的毡房屋内

照片4　可以折叠的毡房墙体框架"杭"

照片6　零下40℃雪原中的毡房

照片7　苫盖毛毡

　　苫盖屋顶的材料有三种，毛毡本身呈淡茶色，自显破旧，不敢恭维说很美。所以，顶棚部分的白布需要最先铺好，然后在白布上面铺毛毡，最后，再铺盖一层叫作"托托普"的面层白布。蒙古毡房不像露营帐篷那样需要固定在地上。因为固定在地上会伤害大地，意味着地表土将从此暴露无遗。毡房的搭建前后约需一个小时左右。但我们亲身体验的结果，由于不熟悉搭建操作，花费了几个小时。

　　最后做地面装修，地面装修采用蒙古独特的做法。冬天的大地，超出了想像的寒冷彻骨。所以，首先在地面上铺上一层干燥的马粪或牛粪作为隔热保温材料，再在马粪和牛粪上边铺满布和毛毡。干燥的马粪和牛粪又是宝贵的燃料。就结构而言，蒙古的毡房只是蒙罩在大地上，对于冬季强劲季风的适应能力相对较弱。因此，为防强风的破坏，冬季等风多的季节，往往要从"托诺"（天窗）上垂吊下来几块石头。朝南的开口处装上门，作为入口。至此，蒙古毡房的搭建即大功告成。

室内家具的摆放有着严格的规矩，北侧正面摆放藏传佛教的祭坛，朝北方向的西侧为男性空间，东侧为女性空间。所以，西侧摆放着丈夫所用的狩猎和放牧的工具等，东侧则安设妻子下厨房的空间。然而，牧民并没有现代日本人看来难以置信的物件。他们只拥有最基本的生活用具，这也是极为必然的，如果携带物品过多，重量过大，移动就会变得很困难（图3）。

据说一个家庭的全部财产，大约在300kg左右，也就是靠一头骆驼就可以驮运的重量。为了保证需要的牧场，毡房的搭建以一个家族为单位，家族之间的毡房相隔距离甚远。接待来访的客人，既了解了外部的信息，又活跃了生活。所以，蒙古牧民对来访的客人不存戒心。我们曾多次不打招呼地拜访过蒙古牧民的毡房，几乎所

毡房内部。从北侧看南侧的入口方向，西侧挂有狩猎工具，东侧为厨房

毡房内部。从南侧看北侧的祭坛

图3　毡房内观图

有的牧民都热情地欢迎我们的到来。最后我提出拍一张纪念照时，夫妻二人进到隔壁的毡房，很长时间没有出来，过了一会儿，他们各穿一身全新的正装、佩戴华丽的服饰，出现在我们的面前，令我们都大吃一惊。虽说要尽量简装，但好像漂亮的装扮仍属例外。

毡房是没有窗户的住宅，这在世界上也是罕见的（除此之外，让人联想到爱斯基摩人的雪屋，有意思的是，据说这也是蒙古式住宅）。然而，实际在毡房里体验一下生活，并不感到有什么压抑感和闭塞感。通过风声和草儿随风摆动的沙沙声，家畜的活动声响等，外部的情况就可了如指掌。从天窗还可以射入大量的自然光线。毡房的直径只有6m，整体也就$30m^2$的住房，属于相当狭小的住宅。实际进到屋里，感觉比想像的要宽敞，也许是因为圆的形状，使人有这种感觉吧。在悠久的历史中，不愧是经过无数改进而制造出来的毡房，它集中了各种智慧，例如夏天炎热的时候（尽管说热，但对日本人来说还是稍感凉意的），将脚下的毛毡稍加卷起，脚下马上就会感到有凉爽的清风穿过。

夏天的蒙古，夜空很值得一看。本人曾在戈壁沙漠见过夏天的夜空，至今难以忘怀。空中没有任何遮掩物，空气格外清新，天河似乎比在日本看到的要宽阔很多。这是人们常说的银河，在这里看到的洁白银河，宽度要比在日本看到的宽出数倍，从地平线的一侧升起，沉入大地的另一边。

再回到毡房话题，这种独特的住宅，对于建筑师以及结构设计师、设备设计师来说具有无限的魅力。1997年与蒙古建筑师举行专题讨论会时，蒙古建筑家协会会长贡宾·米亚古玛尔先生提出了与日本共同研究开发21世纪的毡房课题，米亚古玛尔本人就是一个牧民。

据蒙古方面介绍，毡房目前存在着一些问题，其中之一就是构件的柳木材料问题，由于前一年的森林大火，木材出现了严重的短缺，导致了价格的上涨；由于世界性的气候变化，蒙古草原的雨量也在增多，毛毡等毡房材料出现了损坏问题；另外，由于异常寒流的出现，急需加强采暖措施等等。

回到日本以后，联系了建筑师内藤广先生和古谷诚章先生；结构设计师今川宪英先生；设备设计师彦坂满州男先生，以及专门从事帐篷新型材料研究的太阳工业公司，共同成立了21世纪毡房研究会。现在每个月召开一次碰头会，已经持续了一年多的时间，不久将进入到试制产品的制图阶段（照片8）。

对毡房的结构材料，研究了可取代柳木的自然材料，但都碰到了耐久性问题，最后决定采用铝质材料。原材料由木材转换成铝材的急剧变化，在心理上也曾有过抵触，但考虑到毡房可以实现轻质化，且强度好，可以减少构件，具有耐久性，将来实现批量生产的话，还可

照片8　蒙古毡房研究会上发表论文的情景

以降低成本。尽管受到怀旧思想的反对，但还是下定决心往下做了。

原则上在继承传统型毡房的基础上，在结构上要努力减少88根"欧尼"构件。解决的办法是从上弦杆和下弦杆考虑。由于上、下弦杆在平面上分别向相反方向相互产生拉力，这对构件强度有利（照片9）。

毡房采暖是划时代的，老方法是以火炉的辐射热为主，热损失很大。新的方案是将火炉的热迁回到地板下面，也就是采用火炕方式取暖。这样，热可以得到有效利用；另外还提出了将人的粪便收集起来，制造沼气，用沼气作热源的方案；从生态材料的研究来说，要开发出既薄而又有隔热保温性能的新型材料；另外还提出了利用因特网等收集信息的方法，利用太阳能、风能等进行发电的方法等。这些方案，均是在蒙古已经看到过，并早已使用的方案。

在蒙古国内，经常可以见到毡房周围安有BS天线和简易风力发电机的情景。最初见到时，确实有过惊奇和新鲜感。移动式住宅，如果能加上无公害能源及最新的通信设备，是否可以称得上是21世纪的梦想住宅了呢？事实上，据说在毡房里，就有人在通过手机和风力发电的电源，发送电子邮件和上因特网（照片10）。

用蒙古羊毛制作的羊绒，曾有人以低廉的价格来此收购。但是，现在牧民通过太阳能发电和手机上互联网，瞬间就可了解到世界的羊绒价格。为此毡房的居民中也出现了富裕户，这只是一个方面，同时也产生了贫富差别。曾经巧妙地分散居住，相安无事的蒙古牧民，今天面临着新的问题。蒙古也不会脱离时代的浪潮。

照片9　21世纪毡房的铝材框架

照片10　装有BS天线和风力发电设备的毡房（浅川敏　摄）

3
阿布贾（尼日利亚）
非洲热带大草原的新首都规划

能有机会到尼日利亚去是因为参加该国新首都的迁都规划。1980~1984年一直滞留在那里工作。说是滞留，曾多次往返于巴黎的丹下健三事务所和东京之间，差不多二三个月就要进出一次，严格讲呆在尼日利亚的时间，累计起来不足三年。

尼日利亚是非洲最大的国家，人口大约1.1亿人，在52个非洲国家中，其他国家的人口，如果以埃及和埃塞俄比亚的0.5亿人为最大国家，那么，尼日利亚的1.1亿人就毫无疑问是超群了，这就是被称之为非洲巨人的缘由。面积是日本的5倍左右，南部是热带雨林地带，中部为热带大草原地带，北部靠近国境线的地方是树木稀少的准沙漠地带。正如奴隶海岸的名称那样，曾向美洲新大陆输送的大部分黑人就是从尼日利亚海岸一带运走的。这里的海岸地带，因为曾经有过各种贸易往来而繁荣过。但是，海岸名称多以出口物品的名称而得名，如出口象牙的海岸一带称之为象牙海岸；出口黄金的海岸一带（现在加纳境内）称之为黄金海岸；然而，尼日利亚一带的海岸则曾经是奴隶贸易盛行，今天的尼日利亚人讨厌这段厌恶的历史，也不喜欢至今仍在延用的奴隶海岸这个名字（图1）。

河流呈Y字形流经国土，从东流入的是贝努埃河，从西流入的是尼日尔河。这两条河流在中部汇合南下，直到海岸。由Y字形分割成的三块地区，北部叫作"豪萨"；东部叫作"伊波"；西部叫作"约鲁巴"。三个地区居住的人种、宗教、语言都各不相同。如果原来就分成几个国家也无可厚非，但由于已由英国统一成一个国家，并且成为拥有1.1亿人口的大国。因此，1960年脱离英国独立以后，这个国家就经常面临着部族之间闹对立的大问题。

其中最大的一次对立是比夫拉战争。伊波人要求拥有出产于自己地区的石油所有权，要成立比夫拉共和国，因主张独立而引发了战争。这场内战后来陷入僵局，据说实行粮食封锁期间，比夫拉出现了四五百万人被饿死。战争结束后，在经历了长期的军事管制之

图1　尼日利亚的国土

后,才移交文官管理体制。借此机会,决定将首都从位于约鲁巴西南端(这意味着国家的西南端)的拉各斯市迁移至中部。决定迁都的位置在Y字根部热带大草原地区的阿布贾一带。

新首都阿布贾的规划

选择这一地方作新首都的理由有政治方面的判断,首先是因为地理位置上,距三个部族地区的距离都相等,其次是有利于国家的统一。1978年决定迁都之后,就委托给美国的咨询机构进行了调查和选址。最后选定的地址是由一块岩石构成的500m宽、300m高,叫作阿索·希尔的巨大山峰脚下,美国的咨询机构建议以此山作为城市的标志(照片1)。作为城市的基本框架结构,该咨询机构建议设在面对阿索·希尔山的轴线上,以中心区作为脊椎骨,住宅区向两翼延展。巴西的巴西利亚就是采用的这种模式。

初次踏上阿布贾这块土地的时间是在1980年的年初,由首都

照片1 广阔的热带大草原规划用地与阿索·希尔山

拉各斯乘坐了FCDA（新首都开发厅）的美制塞斯纳轻型飞机。穿过无数弯弯曲曲河流流经的热带雨林地带之后，森林开始慢慢消失，一会儿粼粼银光的非洲最大河流尼日尔河便映入眼帘。由于正好是雨季，汪洋一样的河川时而分支；时而途中形成沙洲，千姿百态（照片2）。跨过尼日尔河，大地马上变成了热带大草原。一会儿，就见到了将来要成为新首都标志的巨大岩石块阿索·希尔。周围是无边无际的热带大草原，可以环顾360°的地平线，完全见不到建筑物和像模像样的道路，这里的确是进行人为营造的好地方。但可以看到星星点点地散落着的村落，都是一些圆形的住宅构成的群体，是用土和茅草修筑而成的房屋（照片3）。

新首都开发厅的负责人刚要向我们介绍"这下面就是新首都的选址用地"时，机身就随之一个劲地往下降落，于是，着陆在尚未铺装的跑道上。在此换乘新首都开发厅（FCDA）的大陆巡洋舰汽车飞驰在没有道路的大地上，中途在有村落的地方进行了短暂的歇息。

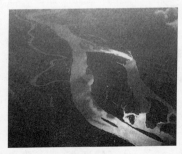

照片2　空中俯瞰尼日尔河

照片3　散落于热带大草原上的住宅群

这里的住宅是由泥土墙建成的(照片4)。尖顶帽子般的屋顶坐落在结构上最稳定的圆形墙体上。房屋建筑周围还建有独特造型的谷物仓库,并放有像干土块一样的东西。在这里我们很快开始了帐篷生活。虽然新首都开发厅(FCDA)为我们准备了帐篷,但是,几乎没电也没水,只是有个遮风避雨的地方而已,需要自己做饭,过着脱离文明生活的生活。最终我们在这里生活了3年左右。最初这里只有政府工作人员和少数顾问用的帐篷,后来帐篷逐渐增多,周围拦起了铁丝网,还配备了维持治安的军队,渐渐地完善了起来。但最后还是未能解决电与水的问题,令人烦恼。

我们总体规划组的工作是从政府组织机构的调查开始的。在进行现场调查之前,在东京已确定了总体规划的方针。确定设计的关键是贯穿阿索·希尔山顶到热带大草原中心部的轴线,也可以说这是丹下健三先生的设计经典,是城市的脊椎。政府方面基于国家安全考虑,要求将政府办公区与商业区分开,于是设定了与该轴线成正交的第二条轴线,称之为文化轴线,并决定在这条轴线上建造文化设施。在两条轴线的交点处设置阿布贾市的市政府。文化轴线的左右两侧,首先设置该国两大宗教的基督教教会和伊斯兰教寺院,然后还有国家美术馆、国家图书馆、国家大剧院、国家广播大楼等,上述建筑物的布置全部

照片4 豪萨族的圆形住宅

由丹下健三项目组完成。将这些国家纪念性建筑物能够有条理地布置出来，只有丹下健三本人，而我只是带着激动的心情聆听他的决定。在阿索·希尔山麓下首先设置象征国家三权的建筑物，轴线的正面是国会大厦，左侧为总统府，右侧为最高法院（图2）。

在国家三权机构区的下面，有各部厅的政府办公区，当提到上级、下级的权威性等级制度和区域的明确划分时，就好像成了反现实主义的绝好标的，看到很多批评的评论意见。但是，在局内人看来，遗憾的是并没有看到令人信服的批评意见，于是，反对意见也就夭折了。方案提出在中心轴线上建一条宽240m的国家林荫道大街，这种国家林荫道大街是模仿华盛顿大街，巴西的巴西利亚也同样有这样的大街模式（图3、图4）。决定在国家林荫道大街的两侧建造各部厅的办公建筑物。对于该办公区域制定了相当严格的规定。该方案是基于丹下健三项目组对曾经做过的斯科普里（马其顿共和国首都——译者注）规划的反思提出来的。斯科普里总体规划的弱点是，不能参与实际建筑的设计，结果是各个建筑物都分散零乱而建，最初描绘的梦想城市完全变成了另外的城市模样。所以，

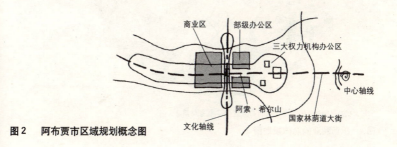

图2　阿布贾市区域规划概念图

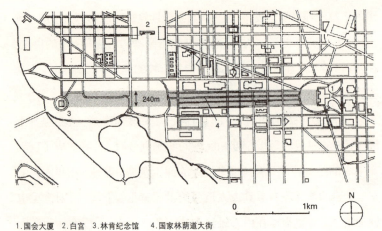

1.国会大厦 2.白宫 3.林肯纪念馆 4.国家林荫道大街

图3 华盛顿城市规划

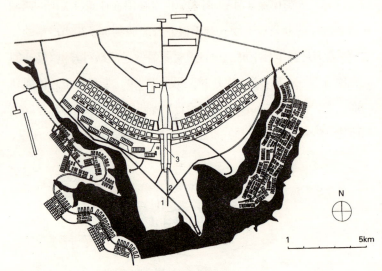

1.三大权力机构办公区 2.各部厅办公区 3.国家林荫道大街

图4 巴西利亚的总体规划图

在部级办公区的规则是设定 8m × 8m 的主坐标方格。并要把电梯及楼梯、通风井等调整到建筑物的圆形中心位置。对圆形中心严格规定了直径尺寸及最后装修要求，而且还严格规定了层高标准。如此战略要求是为了保持一定的节律，以便后来参与工作的建筑家根据各部厅的要求进行建筑设计时，即便建筑高度不同，但总体上能够获得一个统一的感觉。另外，对连接于林荫道大街下方的低层建筑也作出了严格的规定。这样，从林荫道大街的有效高度向下望去，实际正面所能见到的只是这些低层建筑。丹下健三先生的构思最关注的是从市民广场能够隔着林荫道大街看到三权建筑，并能看到背后的阿索·希尔山。实现此构思的前提条件是必须严格规范林荫道大街的两侧。一层建筑完全建成架空结构，完全按照波洛尼亚的费拉地区采用的波洛尼亚传统的有柱门廊方式建成。由于是相当于两层高度的架空结构，所以就要有足够的顶棚高度，还要有开放感。继部级办公区之后，接着要做的是中心商务区（CBD）的规划。虽然CBD可以根据该城市的人口来推测其规模，但是政府工作区必须以各部厅的组织机构和各下属工作部门为基础。为此，需要了解联邦政府的组织现状，并以此作为编制总体规划的起点。

尼日利亚是总统制国家，各部厅以总统府为核心分管国家行政。但是，各部厅分设了怎样的内部机构组织，有多少人在其中工作，谁也不掌握任何系统的数据，只好去走访调查在首都拉各斯的政府机构。

为此，在首都拉各斯（照片5）逗留了几个月，调查了解联邦政

照片5　原首都拉各斯

府的所有组织的实际状态,通过采访询问,了解今后可能需要的组织机构,以及整合、解体的可能性,然后将资料带回东京,以这些调查资料为基础,在东京所做的工作是,预测五十年后这里的人口增长和经济增长的情况,并编入程序。以西方发达国家和日本作为范例进行程序编制工作。先作了一份中间报告,返回尼日利亚,与政府的各部门进一步磋商,如此多次反复,半年之后完成了程序报告。

而后,以这些程序为蓝本,编制了政府工作区的总平面布置。这些工作区的排列布置是个大难题,围绕排序和位置,都需要在各部厅之间进行政治性的斡旋。特殊的是国防部,基于防卫的意义,最初打算设置在总统府旁边,而总统府方面指示,"他们的存在是个危险。不知什么时候会发生政变,尽可能把国防部设置得远一些。"在现场多次邀集各部厅共同协商,我们在中间起着协调人的作用,最终完成了总平面布置。

往后就逐步开始进入了设计工作。在决定坐标方格的基本尺寸时,我们进行了周密的研究。20世纪成功完成的新首都规划,以巴西利亚最为有名。巴西利亚取用了240m的中央林荫道大街,该尺寸的选择来源于华盛顿林荫道大街的尺寸,我们也将240m作为阿布贾市主干道的基本尺寸。原因在于,像尼日利亚这样的国家,是一个有着不同民族聚居,且教育水平也不如西方发达国家那样高的地区,与其形成像澳大利亚的堪培拉那样的田园式城市或自然造就的城市,不如按巴西利亚或昌迪加尔那样,创建一个有强大的骨格和明确区域划分的平面规划。这在新首都的启动初期阶段,将会是特别有效果的。最后尼日利亚新首都采用的总体规划,是立足于两条交叉的轴线上。中心轴线上有国家林荫道大街,可称之为标志性空间,这些轴线就成了决定区域规划的标准线(照片6)。

照片6 丹下健三项目组的阿布贾市总体规划模型(设计/丹下健三城市建筑设计研究所,摄影/村井修)

在决定了每一个组团的确切内容之后,根据在里面工作的部门和居住人口,将人员移动规划分为私家车移动、公共交通移动、步行,并按时间段绘出图表,据此进行道路设计。

根据车道数;是立体交叉还是平面交叉;有无左右转弯车道;信号灯的设置等决定道路的设计(图5)。车道的数量、宽度和绿化带、人行道等的尺寸都需要根据道路的特点加以确定。下一步就是考虑并确定各组团的建筑容积、建筑面积比与城市总体布局的平衡,并按照区域划分提出建筑物的退进和高度极限等。

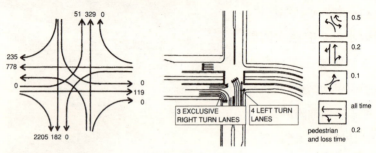

图5 交叉点的模拟图

这座城市的道路模式正好附和240m见方的坐标方格。道路宽度统一为40m,一个组团的尺寸正好是200m见方,将其用8m的坐标方格进行定位。也就是说200m见方的建筑用地要分割成25×25的网格,并决定各组团建筑的高度。将来各组团建筑的设计,即便由不同建筑师之手来完成,只要有了坐标方格和建筑高度的规定,就可以建成一个具有一定整合性的空中轮廓(图6)。1981年正式宣布迁都阿布贾市,国会大厦、最高法院、总统府、各部厅的建筑、主要文化设施、商业区，以及希尔顿和洲际饭店等大饭店也都已投入使用。

几年前，我在伦敦的希思罗机场无意间浏览航班进出港提示牌时，突然见到阿布贾市的名称，当时的激动心情至今难忘。我将正当年富力强的年龄（32～36岁）奉献给了这座新首都，并发自内心祝福它的发展。

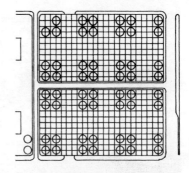

图6　各部厅规划区的8米坐标方格及圆心位置的方案

伊斯兰教城堡的城市——扎里亚

最初来到扎里亚的时候，就明显感到与以前到过的尼日利亚其他城市完全不同。好像是欧洲的城堡城市，既有城门，又有城墙（照片7），还有环绕城池的城壕，这些景象令人惊叹不已。扎里亚城位于尼日利亚的东北部，是由豪萨族建造的，有着悠久历史的古老城市。走进城里，发现城里与后人建造的城外街区有着截然不同的情景，以古老的清真寺及其前面的广场为中心，构成了该城的街区。豪萨族人基本都信奉伊斯兰教，因此，这里的清真寺造型明显大于其他建筑物，与这座城市的象征很相称。尼日利亚的北部地区还有几个大的清真寺，如古城卡诺、卡杜纳等的清真寺都很壮观，但均不及扎里亚的清真寺。城市的构成、表象极为丰富，让人感受到了

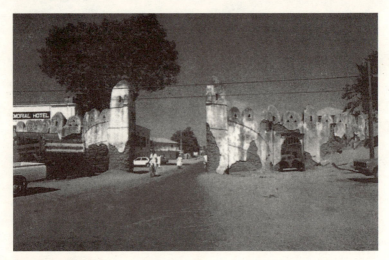

照片7 扎里亚的城门

它的历史。其中尤以伊斯兰教传统住宅的密集区更为压卷之作。就像是长了犄角似的，具有独特形态的住宅一间挨着一间。这种带有犄角的住宅，在中近东也屡屡可见，取用此种形态的寓意据说是为了驱魔辟邪。在伊斯兰教世界里，据说如果有恶魔驻足在住宅里，这家将会发生不幸。所以，在住宅的屋顶上都要装有像刺一样的突起物，这样，恶魔就不能停留在屋顶上了。这里的建筑物采用的原材料是土坯，怕雨淋，因此，墙壁上装有装饰性的水平突出的怪兽头滴水口，以便让落在屋顶上的雨水可以直接垂流到墙体外侧。

垂直伸出去的犄角和从墙壁上水平悬挑出去的怪兽头滴水口，是构成这种建筑的所有要素。在强烈的阳光照射下，这些犄角和怪兽头滴水口的清晰影子就落在了墙面和地面上，伴随时间的变化，影像不断发生变换,给这些建筑物带来了强烈的外观表现。

可是,这里的建筑物构成要素单纯而简单,各个住宅之间差异甚小,因此,人们在墙面上施以个人喜好的喷刷涂料和质感。这些墙面的设计并非是伊斯兰教艺术,而是非洲艺术(照片8)。在设计新首都的时候,业主(尼日利亚政府)方面的要求是,一定要表现出非洲的传统,尤其是尼日利亚的传统特色。我们为此抽时间走访了尼日利亚的各种各样的街道,目的是为了寻找设计的灵感。发现有一个共同点就是非洲的设计模式,应用到了各种各样的物品器件上,最受欢迎的就是织染于民族服装上的独特花纹。这种设计方案也应用到了餐具和日用品上,就连扎里亚的伊斯兰教住宅上也毫无

照片8 非洲模式的住家

例外地采用了这种设计方案。基本造型为圆形、三角形和四方形,把这些简单的几何图形加以巧妙地组合,便会派生出很多复杂而又有独特动态的设计图案。这里简直就是在搞设计竞赛,具有独特构思的墙面设计接连不断地展现出来,它们的颜色和形态都各不相同。其中有的方案根本就不使用任何颜色或涂料,只是在表面上刻画出凹凸图案,利用凹凸的阴影效果,创造出丰富的建筑外观表现。这些住宅集合体创建出了世界上罕见的独特村落。

尼日尔河与热带大草原村落

乘坐美国塞斯纳轻型飞机离开热带森林地带,来到热带大草原,到处是红土地。

村落随处可见。墙体均为土坯垒砌而成,墙面抹上泥土,上部铺茅草为屋顶。所有房屋建筑的平面几乎都是圆形,可能是为了苫盖屋顶容易而为。实际上,屋顶是呈伞状的锥形。大的建筑用作住宅,小的建筑用作谷物的仓库等。这些仓库的设计最有意思,形状丰富多彩。展现出的自由造型,不局限于非洲特有的东西。为使谷物避开地热,用几根或几十根支腿托起整个仓库,宛如从地面悬浮起来一样。墙面中间部位呈水平带状隆起,并装有门槛板,这种造型称得上是一种设计,或称之为比例均衡。我们接受的是西洋现代美学教育,最初见到此种景象感到很奇怪,慢慢习惯之后,觉得这是一种具有无穷魅力的设计,甚至可以感觉到毕加索和冈本太郎等人也曾经取材于这种魅力(照片9)。

这些设计在清真寺等建筑上也有体现（照片10），是非洲艺术家作品中通用的手法。在奥尼查大街有一座展示非洲艺术的美术馆，美术馆的墙面上是雕塑出起伏的曲面，创造出了不可思议的奇异空间。进到美术馆的里面，由蜿蜒起伏曲面形成的入口空间，迎接着参观者（照片11），室外则到处点缀着奇妙的雕刻塑像。

照片9　豪萨族的谷物仓库

虽然有幸在中近东及中亚、东南亚、东亚各国以及欧洲等众多国家工作过，但是，在非洲的工作实属特殊的经历。除尼日利亚以外，还到过肯尼亚、坦桑尼亚、加纳、象牙海岸、喀麦隆、多哥、贝宁等国家。在这些国家接触到了在其他地区不可能见到的很多东西。我曾在那里有过与疟疾和痢疾搏斗的经历，如今考虑地球环境及我们的未来时，这些经历都成了开阔自己视野的宝贵财富。非洲万岁！感谢你，非洲！

照片10　豪萨族的清真寺

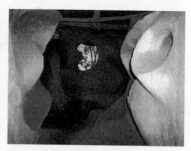
照片11　波浪起伏中的墙中入口

4
婆罗州（马来西亚）
住宅建筑城市——伊班族的联排式多户住宅

对于现代文明人来说,处女地一词有着无限魅力及震撼力。在西方发达国家里创造了很多有关处女地的故事。如美国西部剧中的美洲印第安人、人猿泰山以及近年来颇受人欢迎的南非游牧部落黑种人等。

这种故事不仅欧美有,在日本也可见到古代对虾夷人,明治维新以后对阿伊努人编写的故事。虽无恶意,但剧本给人留下的印象是,发达国家的电影或小说等媒体,总把他们自己装扮成好人的正派角色,而将未开化的人比喻成坏人的反派角色。

近年来已经查明,这种传说,或与历史史实完全不符,或与事实完全相反。20世纪80年代初期,我在文莱的斯里巴加湾市时,听过当地人讲猎头族的故事。很多人似乎也都认为他们就像是印第·琼斯和人猿泰山中的未开化的野蛮人。

我曾经深入到非洲未开发的内地工作过，但从未见过电影中所描述的那种野蛮民族。也曾在日本的电视节目中见过赤身裸体插上羽毛和犄角，或满身涂上各种颜色的土著居民出现后，令表演艺术界人士惊讶的场面，那基本上都是在做秀。

当然也有身着华丽装饰，脸部涂抹上色彩的节目演出，像肯尼亚的芒萨族就是这样。据说该民族至今仍保留着非洲最传统的生活，尽管如此，但也并非未开化。他们日常身穿T恤衫、牛仔裤，只是在一天中有几次定时为观光客人做表演时，才打扮成那副模样。然而，在日本的电视节目中，却将它巧妙地制作成了今天仍为日常装扮的介绍。

由于有过此种经历，对于猎头族的伊班族，我并不感到那么恐惧。当我把上述想法告知给当地日本大使馆的工作人员时，他们都被吓得脸色煞白，说这是很危险的，劝我千万不要再去了。然而，他们的话更激发了我的热情，下决心还是要去。我乘船离开了斯里巴加湾市，向位于婆罗州北部，东马来西亚沙捞月的林班港进发。婆罗州的北部属于东马来西亚，文莱就位于东马来西亚的中部。文莱的西部是沙捞月州，东部是日本人通过山打根等熟知的沙巴州。

我所乘的船是一只可载三四十人的船，船在热带海岸丛生的红树林中，在细网眼一样的水路中快速左右穿梭，船后扬起了白色浪花。

在林班，我包租了一辆出租车，从这里到伊班族的联排式多户住宅还需再乘四五个小时的汽车。关键不是时间问题，多数司机一听说伊班族就已怯步了,一直要不到出租车。但我的运气还算不错,遇见了一位伊班族的出租车司机。现仍居住在森林中的伊班族人也有很多到城市里来打工了。

破旧的出租车向山上驶去。这里根本没有柏油马路,斜坡土路由于急风骤雨的冲刷,路面上形成了多条沟沟坎坎,车行驶起来极为困难。经过一段又一段根本无路地段的行驶以后,终于见到了伊班族居住的联排式多户住宅。

联排式多户住宅正像其名字一样,是一个呈细长形态的集中居住群体,毫无疑问这种住宅是木结构的平房,但地板下面架空,成高架式地板。有的联排式多户住宅长达百米。平面布局简洁明快,人字屋顶的一侧为个人住宅,基本以均等的跨度排列。另一侧屋顶的下面是面积宽敞,绵绵相连的共用起居空间。从建筑规划学的角度来讲,这种长过廊式的起居室可以称之为公用空间区,与之平行的个人住宅一侧称之为个人占有空间区(照片1、2)。

通过共用起居空间才能进入到个人的住宅。打开房门,进入屋内便是厨房。说是集中居住群体,也只有在起居室的生活是使用共用空间,饮食生活还是以家庭为单位独立进行。房屋建筑的最里边是寝室。有的房屋还不断地向里延伸扩建,扩建的方式似乎依住户而异。实际所见个人占有空间区一侧的外观是呈凹凸状,依此还可判断出家族的构成数量和富裕程度(图1)。

进入长长的起居室以后,因光线朦胧,看不到起居室的尽头。高架地板的下面,即底层架空结构的柱子空间,还燃烧着带有绿叶

照片1 联排式多户住宅的外观

剖面图

照片2 联排式多户住宅内的共用起居室、长廊

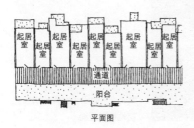

平面图

图1 联排式多户住宅示意图

的树枝。铺木地板的地面尚有隐约可见的间隙，除了便于通风之外，还有把冒出的烟雾引入到室内的作用。为什么要将烟雾引到室内来呢？原来是为了驱赶蚊虫。热带地区疟疾是大敌，我在非洲期间曾三次感染疟疾，这种病发高烧，严重时甚至会丧失生命。

为此，每天要定时熏蒸几次，将烟雾引入屋内，烟雾还可进入到顶棚里边，在热带雨林地带，可以起到使充满潮气的顶棚内部干燥的作用。

联排式多户住宅的高架地板距地面约有2m之高，大概是为了便于人们自由穿行在架空结构的柱子之间吧（照片3）。为什么好几十家的人要同住在这样一个联排式多户住宅里呢？据说是为了抵御外来的敌人。

然而猎头族的说法是，原本伊班族人就是一支威武雄壮的部族，他们的身材异常地瘦小，全身涂满墨汁，而且，耳朵上还垂吊着看上去相当重的铁制耳环，所以，耳垂要比通常人下垂很长。看上去令人感到害怕，然而他们却是多么地坚强。听说过去这个部族的男子如果不能取回另外部族男子的头首，就被看成是无能的男

照片3 联排式多户住宅的高架地板下空间

人。据传说,正是因为这个原因,联排式多户住宅里要常备很大的镰刀,年轻的男人们在无月亮的夜晚,要出去猎取人头。

当猎取了其他部族人的人头以后,必然会遭到其他部族人的报复。这样,就形成了很多家族同住在一起的状况。这才是像样的解释。几十家人同住在一个长屋檐下,就像一个村落存在于一间联排式多户住宅里一样。这里的人们自古以来就以从事刀耕火种农业为生计。或许联排式多户住宅的形式也是出于共同从事农业劳动的需要而形成的,如果这样考虑,一个部落同住一间联排式多户住宅也就可以理解了。听起来,为了抵御外敌复仇的说法更为贴切一些,于是,对于修筑超出需要高度的高架地板也就容易理解了。

在猎取人头的风俗已经消失的今天,这种联排式多户住宅建筑依然存在。偶尔还会见到有新建的联排式多户住宅(照片4)。当然高架地板的高度已不如老式住宅那样高,也不再需要熏烟了。所以,进到里面一看,恐怕会大煞风景,令人扫兴。

本人走访到山中老式联排式多户住宅时,从住宅中走出了一位很像是长老,完全是伊班族打扮,全身涂墨的老人。

照片4　政府出资建造的新型联排式多户住宅

老人带我参观了烟雾缭绕的联排式多户住宅的起居室深处，我将随身带来的一包香烟作为礼物送给了这位长老，长老异常兴奋，大声招呼着周围的人，把烟均分给了全体人员，令我十分感动。其中有几位年轻的男子，但没有一个人拿着镰刀。

准备回来的时候，有个男士说："卸一个骷髅带回去吧！"正值我不知如何是好之时，他又笑着说："玩笑，玩笑"。周围的人也跟着哈哈大笑起来，有的人甚至笑得前仰后合。已是黄昏时节，最后我由衷表示谢意时，长老特别忠告我，下次再来时，一定要先到我这里来。

出了联排式多户住宅时已是傍晚时分，回头再望那长长的建筑物已辉映在树丛之中，美不胜收。绕到背面抬头一看，原来联排式多户住宅是建在斜坡上。看过之后，我完全理解了用于抵御外敌侵入防护自身的说法。随处可见向外挑出的阳台一样的设施，晒晾着洗过的衣物，那是公用的晾衣场。回到汽车上，谨小慎微的日本同事正汗流浃背地等着我的归来。

第二章 光——空间的变幻艺术

1

拉萨（中国西藏）
西藏的阴翳礼赞

如果说西藏建筑的特点，恐怕就是它的中庭和采光的表现了。可以说这种特点在宫殿、佛教寺院乃至一般住宅等所有种类的建筑上都适用。不过，其惊人之作应属建在拉萨郊外坡地上的哲蚌寺。日本历史上也曾有过很多僧人为了修行，在一个寺庙里同吃同住，一起学习，即所谓大学一样的地方。哲蚌寺至今仍然继承着这种风格，形成了一个复合体。这里可大致分为安放佛像，以做法事用的寺中核心区；以及修行僧人们的学习空间、宿舍、食堂等大学区。有时会达到数千人的规模，说它已成为一座城市，也不言之为过。

顺着山道往上爬，眼前就会看到它壮观的全貌。众多的建筑物重重叠叠建在山坡上。由下往上仰望，建筑群的整体构成伸手可及，完全像握在手中一般。以有中庭的建筑为最小建筑单位，变换着建筑的水平面。在布局的不规则当中，形成了一个建筑集合的群体。当双脚踏入这座寺院时，你就将被这座迷宫式的城市所操纵。

一踏上正面台阶就到了中庭，四周环绕着2层到3层的柱廊。这里是修行僧人们的修行所，柱廊的正面为学习所，由学习所和修行所构成学堂，很像大学的系。僧院一般由二至七个左右的学堂构成（照片1）。爬上正面学习所的台阶之后，进入到里边就是一个上下贯通的中庭空间。上到二层，再往里走，又有一个中庭。也就是双层上下贯通的空间构成学堂的建筑形式，学堂的二层水平面，实际上与这个两层学堂上部的一层的学堂中庭相连。建在斜坡上的建筑物巧妙地在上下贯通空间的内部调整水平面。这样一层一层地与上部的水平面连续起来的空间构成，使人在不知不觉中，不断地向上攀登。如果从最上部的平台往下看刚才来的方向，就会发现有中庭的建筑群就像台阶一样一直连到下面，其景观美不胜收（照片2）。

这些有中庭的建筑群并非串连在同一条轴线上，有时会在对角线上边转换角度，边提高水平高度。总之，建筑物的内部光线很暗，可是刚刚习惯了昏暗，一会儿又感受中庭的刺眼光线。从中庭到中庭的移动，就是明亮与昏暗不断地交替。瞳孔刚刚适应了光亮，又

照片1　寺院正面外观

照片2　从哲蚌寺最上部殿堂平台俯瞰的哲蚌寺景色

马上进入到昏暗的世界，在如此反复的过程中，似乎失去了自我。觉得像处在现实与梦幻重复的世界之中——简直就是来往于现世与来世之间的感觉。

从位于最顶部中央的主殿正面进去，马上就到了顶棚低矮的昏暗的柱廊空间。柱廊空间向左右延伸，由三面包围起来的中央部分形成了一个顶棚很高的祈祷空间。每隔3m一根柱子，四根柱子整齐、规律地排列成方格形，方格形空间极像清真寺。但决然不同的是柱子全用红布包裹着。柱子之间有像是坐垫一样的东西面向正面的祭坛平行排列。这是因为藏传佛教做法事要匍匐在地。

该祈祷空间的特点在于，由正面低矮的顶棚空间进入到里边之后，会发现有光线从上部背后向正面投射下来，在昏暗中，照亮正面祭坛的空间表现非常漂亮。在行完五体投地的激烈磕头祈祷动作之后，尘土飞扬。在漂浮的尘埃中，出现的廷德尔散射现象，从上部照射下来的光线形成很多条平行线，就像激光光线一样穿透昏暗。这种光线的表现不仅在哲蚌寺可见，在布达拉宫、大昭寺也同样可以见到，周围的柱廊空间全是阴影世界，然而只有正面才是无明暗、无反差的建筑立面,从头顶上投射下来的光线烘托着鲜红的柱廊,殿内全被映照得通红,在藏传佛教里经常可以看到这种火红的世界(照片3)。

在西藏,到处可见僧侣,数量之多不计其数。全部身着绛色和黄色相配的袈裟,就是在电视上经常可以见到的十四世达赖喇嘛穿的那种衣裳。

绛色是由红与紫色混合而成,在阳光下呈深红色。主殿里无数僧侣走动的样子,完全可以说成是红色的飨宴,室内一片鲜红飘逸。袈裟与寺庙的屋顶和屋檐,或者门窗开口部挂着的绛色非常协调,很美。在这祈祷的空间里,使人感到奇怪的一种现象是,正面并没有佛坛和祈祷的塑像,矗立眼前的只是墙壁。安放释迦牟尼像的佛殿就在这座墙壁的后边。正殿屋顶上竖立着很多金色的佛塔饰品,人们称之为转法轮,据说是象征着佛陀的教诲。

据说金色是释迦牟尼的肌肤颜色,是佛教常用的颜色。哲蚌寺的金色、绛色、白色与木质本色的有机结合,甚是漂亮。

与其说大昭寺是位于拉萨市的中心地带,不如说是,拉萨市是

照片3 火红的柱廊,耀眼的祈祷空间

以大昭寺为中心而形成的。佛教信徒只能按顺时针方向环绕大昭寺。按照佛教的说法，就是右绕。在圣神的周围都要按顺时针方向转动。大昭寺的周围，佛教信徒人山人海，他们口念经文，像河水一般，一个紧挨一个地缓缓向前移动。

大昭寺的正面是广场（照片4），很多藏族人面向着大昭寺连续地匍匐，磕长头朝圣。到处可见燃烧蒿草的火堆，冒着呛人的浓烟，所以，正面广场烟雾朦胧，不能直视，只能以幻觉去感悟，这里有着类似哲蚌寺的光亮与昏暗交替出现的幻觉。再靠近一看，这些佛教信徒接连不断地磕长头，匍匐朝圣，个个汗流浃背。感受一下这些人的姿态，就会尽知人生的酸甜苦辣。

走进大昭寺后，感觉和哲蚌寺一样，看不出水平面的高低差，仍是中庭回廊式寺院相连。细长的回廊环绕着正殿，信徒们一边用手转动着塞有经文的百万遍转经筒，传出咣啷咣啷的响声，一边转圈走动着。刚从光线充足的外边踏入大昭寺，仿佛有一种闯进了寂静无声的昏暗世界、钻入了地下深处的错觉。说这里是严肃的朝觐之地，名副其实。好不容易随着前行人的感觉，伴着咣啷咣啷震动大地的声响，在昏暗里摸索着前进。忽然，发现在昏暗空间的顶部中央部位有一道漏光的细缝（照片5），看来，这是有意识地从屋顶开出一条细

照片4　大昭寺正面外观

缝来控制光线（照片6）。

明亮只是一种相对的感觉而已。日本茶道的千利休，在利休百首中有这样的唱词"灯火光明有阴有阳，拂晓黎明由阴转阳"，真是绝妙的比喻。

西藏最大的宫殿，布达拉宫的进深空间也采用了同样的方法。

这里同样，当在昏暗中走动时，也会突如其来地出现从天空垂直降下来的光线。这些光线，或是由回廊和旁边殿宇墙壁之间的狭缝洒落下来（照片7）；或是通过上部殿宇的墙壁与墙壁之间的狭缝洒落下来。尤其是沿着墙壁降落下来的光线更是变幻莫测（照片8）。

照片5　从上部有缝隙光线洒落下来的百万遍转经筒走廊

照片6　从屋顶上看到的漏光缝隙

照片7 从回廊旁边的缝隙洒落下来的光　　照片8 沿着墙面洒落下来的光线

谷崎的光线是水平光线,檐廊射进来的光线投向屋内深处,渐渐消失。这种色彩层次的画法被称之为日本的美学,在其著作"阴翳礼赞"中有着美妙的描述。在水平上想办法,就是把外部的自然与内部的空间当作连续的一体来看待,日本的自然四季应时而变。可是西藏的自然条件,对于那些身体纤弱的人来说,并非轻而易举容易适应,冬季的室外气温会降到零下几十度,甚至会威胁到人的生命。

西藏的寺院之所以对外封闭,对中庭开放,其目的大概是为了从自然中保护自己吧。尽管如此,布达拉宫的雄伟壮观仍值得大书特书。

世界上,建于山顶上的名建筑物虽然很多。但物理面积之大、墙壁之高、设计之主题、材料及色彩之丰富等,任何一座建筑都不能与布达拉宫媲美。布达拉宫有房屋两千,长360m,宽120m,高120m,这样一座庞大的建筑,总建筑面积达13000m^{2}以上,几乎覆盖一座山峰,气势磅礴(图1)。山墙墙面全被装饰和纹饰覆盖,在佛教信徒看来,这座建筑决然不是尘世间之物,布达拉宫建筑具有宗教的意义。

最好在流经拉萨市的拉萨河的对岸眺望布达拉宫的全貌。从远处瞭望布达拉宫，看上去像是由两层构成，上部的绛色宫殿坐落在下部白色的石砌围墙上（照片9）。然而走近以后，看似石砌围墙的部分实际上也是宫殿的一部分，绛色部分与白墙并不是简单的分割，而是利用高度，使之错落有致，并使白与绛色有机地组合起来。白墙与绛色的窗户错落有致，有的是大小的调整，有的是不规则地嵌入。再有，上部绛色中的单点窗一样的白色开口与下部的白墙构成了阴、阳关系（照片10）。

过去，从周围都可以进出宫殿，有可缓步攀登的台阶，还有弯曲向上的斜坡。佛教信徒的朝圣，匍匐磕着长头，缓慢地向上爬行。匍匐就是脸朝下，全身趴在大地上，两手、两腿平伸。在两腿前进的过程中，一会儿弓起腰，直起身，然后再重新趴下去，只以双脚向前移动的距离去接近宫殿。当想到行进这么短的距离，且又是在台阶上，他们需要花费多少时间才能到达宫殿呢？我都觉得眩晕了（照片11）。然而，西藏的佛教信徒的朝圣是不会半途而废的。自身修行就是要让自己的身体尽可能多地吃苦，以求成正果，更接近成佛之路。

进入布达拉宫，要从正门顺左斜上台阶。台阶的正面是一个很大的门，进入大门以后，就是昏暗的通道，再踏着铺石地面斜着向上走。途中有采光用的纵向细长的开口，借助这点光线缓慢地向前移动双脚。

走完了铺石地面，很快就到了前厅，在光线的引导下，突然又

照片9 从拉萨河南岸眺望布达拉宫

照片10 仰视布达拉宫

照片11 攀登布达拉宫的台阶

来到了外面。在建筑物的内部,好不容易刚刚适应,又被抛到了刺眼的外部。这里是一个很大的中庭,正面就是7层的寺院(照片12)。

在寺院正面拾阶而上,进到里边就是一个很大的前厅,从这里通过上上下下的台阶,便可穿梭于众多柱廊之间的大大小小房间。本想在头脑中边画出建筑的平面布置,边把握住整体布局,但是,迷宫一样的空间,未能实现我的想法。房间各有不同,有的根本没有门窗开口,完全靠蜡烛照明。一股刺鼻的蜡烛味会熏得你一时头晕眼花。

无数的蜡烛在黑暗中摇曳,仿佛幻影一般,使人感到了与自然光不一样的美。对于西藏人来说,恐怕整年都在严峻的气候中生活,或许只有光明才会给他们带来希望。

照片12 布达拉宫中庭正面的7层寺院

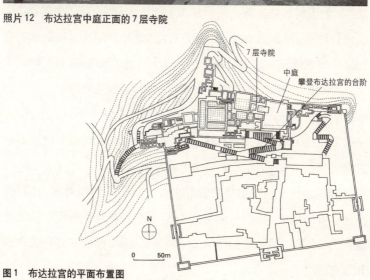

图1 布达拉宫的平面布置图

75

2
萨那和希巴姆（也门）
阿拉伯的宝石箱

讲起也门来，宝物多得不知从何谈起。比如，湿婆女王的传奇故事；沙漠阿拉伯半岛上的绿色国土；大海丝绸之路的中转站；山岳地带的梯田；摩加咖啡；诺亚方舟；沙漠中的超高层建筑城市希巴姆；有城墙环绕的用白色灰泥和泥土建成的珠玉建筑群等等。

尽管国土不大，但它拥有悠久的历史以及至今还保存完好无损的传统建筑和城市。如果想要访问这里就不要犹豫不决。总之，会带给你接连不断的惊喜。当然，强烈的感动也将会伴随着你剧烈的兴奋疲劳。

也门是位于阿拉伯半岛最南端的一个国家，西临红海，南有印度洋。70%的国土为山岳地带，因此，携带印度洋潮湿空气的气流碰到山岳地带，便给该地区带来了雨水，从而，孕育了各种农作物和绿色。

也门这个国家只有两个季节,即阴雨不断,满山遍野全是绿色的雨季,以及只有褐色山脊的旱季。众所周知,公元前到这个国家来过的人,看到这里充满绿色,曾将这里叫做"幸福的阿拉伯"。

萨那——建在高地上的高密度高层建筑城市

首都萨那是也门最大的城市,是政治、经济、商业、文化的中心。经典之处当属世界现存最古老的城市——萨那老城,在城墙环绕的大约五平方公里的土地上住着5万多人。该城市的起源可以追溯到诺亚方舟时代。据说曾因大洪水,方舟漂到了这座城市东侧的海拔2900m的努库姆山上,不久,诺亚的儿子谢姆(闪米特人的祖先)决定建造这座城市。

据历史记载,实际上,萨那这个城市名字的出现是在公元前的二三世纪,是湿婆王国基于军事目的而筑的。建造的壮丽宫殿高度竟有20层,同时还筑造了城墙。该城市至今仍有城墙环抱,在取得了世界文化遗产的申报批准之后,在联合国教科文组织的帮助下,部分倒塌的城墙得到了修复,使这座城市恢复了昔日的雄姿。

进入城市的城门,既可以是南侧也门的门,也可以是也门的北门。正门大概就是也门的门,因为所有的道路都是对着这座城门呈放射状。(照片1,图 1)。

连贯南北两座城门的道路弯弯曲曲,但起主要作用的道路为只有数米宽的小巷,这就是萨那的主要大街。由于没有临街建筑红线,没有建筑商的统一规定,所以,反而倒有空间上的丰富多彩。

照片1 首都萨那的城门

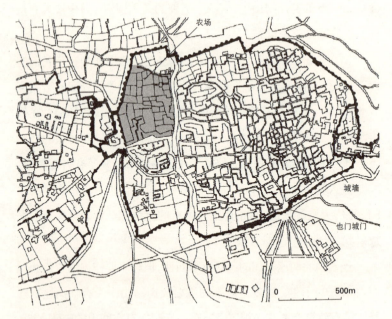

图1 萨那市区图

道路有宽,有窄,虽说长度不足1km,但走起路来,不会使人厌烦。城内是用石材与土坯砌筑的四到八层的高层住宅,住宅楼之间没有充足的间隔距离,显得密密麻麻。相同的构造方法、同样的建筑材料,即以同样的建筑风格建造而成,不愧是一大杰作(照片2)。不知是福还是祸,由于也门的极度贫困,这里还没有引入现代化的建筑。这座城市现有的街道模样,恐怕看不出几千年前与现代有什么不一样。如果呆在这座城市里,总有一天,就会像钻过了时间隧道一样,被错觉所惊醒。

被密集建造而成的建筑群,平面形状均为矩形,越往上矩形越小,其形态可以让人联想到芝加哥的西尔斯塔。这里的建筑高度虽有8层,但地板都是木结构,最大跨度为3.5m,短边的宽度不能改变,如要建造大型的建筑物,只能延长其长边。因此,这座城市

照片2　建筑外形设计完全相同的萨那市貌

中除去清真寺，再没有大型建筑物。漫步在这座城市中，感到都是相同的建筑规模，使人心情很舒畅（图2）。

墙体的构筑方法是，二层以下为石材砌筑，打牢基础之后，往上就是土坯砌筑。窗户是四方形与半圆形的组合，很有韵味。用白色灰泥修饰窗户的周边，其他墙面则保留土坯的原色，从而进一步强调了反差，突出了节奏，增加了美感。

进口采用了小型拱门，门扇采用厚木板制成，门面上有木雕，门扇的设计各家各户有很大区别。有的不乏凝聚着阿拉伯的风格之美。人们只有通过门扇的雕刻才能展示出自己的富有，并取悦于

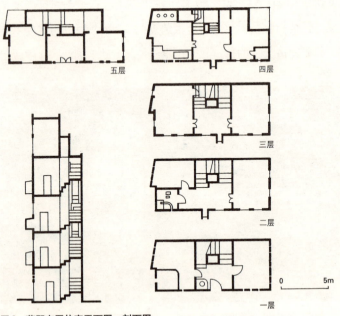

图2　萨那市区住宅平面图，剖面图

人。门扇的中央部分装有金属门环,住在上边楼层的家人当听到嘭嘭敲门声后,拉起绳索,便可打开大门(照片3)。过道极为狭窄,但似乎又不只是因为土地紧张的原因,恐怕还是为了尽量不受白天灼热太阳的暴晒,而要增加阴凉的缘故吧。可是,这里夜间气温骤降,夜间冷却的空气充分地储存于建筑结构体中,即使白天室外非常炎热,室内也依然能够保持凉爽,俨然是一个天然的空气调节器。而且,当有外敌入侵时,迷宫一般的弯曲小巷也足以从敌人手中保护住这座城市(照片4)。

建筑物的内部分配为:一二层用作仓库和喂养家畜,三层是厨

照片3 萨那市内的住宅门

照片4 狭窄迷宫一样的小巷

房等女性使用的空间,最顶层作为接待用的会客厅。登上屋顶平台可观赏到萨那的街景。随处可见矗立着的清真寺尖塔。几乎所有的建筑物的墙壁上,用白色灰泥修饰的四方形和半圆形窗户,毗邻相连。当第一眼见到此种情景时,所有的人都会屏住呼吸,注目片刻。

我来到这里时正值黄昏时刻,而且又偶遇望月的夜晚,伫立在屋顶的平台上,伴随着夕阳西下,时刻变化的景致,身居在活生生的博物馆城市之中,完全被任何地方都不曾有过的景色所折服,只是一个劲地按动着相机的快门(照片5)。一会儿望月开始从诺亚方舟的努库姆山爬了上来,此时太阳已经彻底落下了山,城中各处的窗户开始出现了灯光。突然感觉到好像从哪个清真寺传出了齐唱古兰经的声音,稍过一会儿,又仿佛听到时远时近处传来的轮唱声,不一会儿便是人们涌向清真寺的嘈杂脚步声。就是在电影画面中,恐怕也难以见到如此精彩的演出场景(照片6)。

城里的灯火完全亮起之后,城内的景象就发生了根本性的变化。这里拂晓也有拂晓的美。在天还没亮的时候,登上屋顶的平台,等待看日出。破晓前的萨那古城呈现出一片银色,紧接着就被橘红色笼罩。与这里密集的高层住宅区域相比,集贸市场是开放的。尤其是刚一进入也门城门的地方,那里是一个很大的广场,有很多交易市场(照片7)。也门城门是天亮打开,天黑关闭。从广场南北穿过主要大街,在中央部位有一座壮观的大清真寺。据说这座清真寺是穆罕默德在世时建造的,可能是当今世界现存最古老的清真寺了。

照片5 黄昏初上的萨那市区

照片6 夜幕降临时的萨那市区

由密集狭窄的小巷步入广场和集贸市场,会给人们一种开放感。能够给人们带来这种开放感的地方,还有就是在城内到处可以看到的,被称之为农场的农田。走在有压抑感的、狭窄的、阴暗的小巷中,突然出现一片莫大的空间,这就是农场(照片8)。

在城内保留这些农田的理由是,当受到敌人的攻击时,可以确保固守城池时的用粮。这些农田的地面高度均被挖得低于路面两米。在雨水匮乏的萨那,要把所有的雨水引入到农田里,作为地下水贮存起来,保持土地的湿润,人们想方设法以适应农业的需要。为了把清真寺的公共卫生间等的排泄物也全部引流到农田里,用作肥料连下水道都设计好了。

有着悠久历史的城市,汇集了人们的睿智。我们从活生生的博物馆都市萨那中要学的东西很多很多,从气候上、防卫上,以及从密集的高层住宅建筑之间的,深受压抑的小巷中走出,来到广场或集贸市场,或农场等开放空间中,这种戏剧性的空间构成,以及城市中无数分散存在的屋顶平台等等,都是值得学习的东西。

照片7 也门城门里的集贸市场

照片8 农场风光

分担不同作用的城市——科喀班和希巴姆

在也门的山岳地带,有一座应该叫做双子座的城市,这在世界上也是少有的,这就是建于悬崖峭壁上的科喀班,和位于悬崖下面的希巴姆,两座城市分担着不同的任务。科喀班担负军事任务,希巴姆承担农业生产和商业交易的任务。也就是说,居于上部的村落可以从高处监视到外敌进犯的情况,一旦发现有外敌入侵,位于下部希巴姆的人就会一齐集中到科喀班,予以增援。另外,位于下部的希巴姆人从事农业生产及商业活动,反过来也援助了上部的科喀班(照片9,10)。

登上科喀班之后发现,建筑物已经建设到了贴近悬崖峭壁的边上,对下面活动的监视,可以一览无遗。若从远处看科喀班的姿态,就会感觉不到它的存在,它完全融入到了凹凸的岩石之中。进入科喀班的门只有一个,要想进入科喀班,就必须通过一座吊桥道路。这座吊桥就悬吊在一道很大的冰河裂隙状的裂缝上。而且,虽然走过吊桥之后就是城门,但城门的结构并不能轻易地让人进去。

照片9 悬崖峭壁下的希巴姆与悬崖上的科喀班

照片10 由悬崖峭壁上的科喀班俯瞰希巴姆街景

沙漠中的超高层建筑城市——希巴姆古城（注：并非前面提到的希巴姆）

平遥、杜布罗夫尼克和希巴姆的共同点，都是有城墙包围的都市。但城市的结构有着本质的差别。平遥是从外部的城墙开始，直到构成城内结构的道路模式乃至商店、住居的结构布局，从城市到建筑均在连贯的系统上形成的。而杜布罗夫尼克尽管也是城市的形态，但是，乍一看并不整齐成型，有机地来看，贯穿内部的大街，也应该是这座城市主要干道，它构筑了这座城市的结构骨架，城市的标志和主要活动都集中在这里。从与主要干道成正交的大支道向小支道连接的树状结构，形成了城市的结构层次。但是，在这座希巴姆城里见不到类似这样的城市框架（照片11，图3）。

希巴姆古城位于近乎也门中部的高原地带，从飞机窗户往下看希巴姆古城，一定会产生质朴的疑问，在茫茫的大沙漠中，建筑物为什么非要如此肩挨着肩地、紧紧地挤在一起呢？又为什么必须建成高层建筑呢？如果像香港那样，因为土地有限尚可理解，但这里周边都是广阔无垠的沙漠。究其原因，大概有如下几点（照片12）。

首先一点是基于军事目的，为了防御外敌入侵自己的城市。然而，这里的突出问题是建筑密度，建筑物与建筑物之间的小巷宽度，也就是两头毛驴勉强交错而过。每栋建筑物可以说是毫无表情，门窗开口很少。威严的墙体矗立在小巷的两侧，宛如被遗弃的城市遗迹，阴森森，令人毛骨悚然。该城市同萨那一样，并未营造城市生活。小巷的路面也没有铺装，毛驴和人走过之后，干透了的

照片11 沙漠中的曼哈顿——希巴姆古城

照片12 俯瞰建筑密集的希巴姆古城

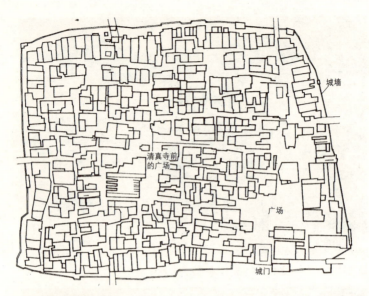

图3 希巴姆古城市区图

路面就立刻尘土飞扬。惟一感到有人生活气息的地方,就是羊和鸡等家畜的存在。这座城市的特点表现在小巷的构成上。这里见不到笔直的巷道,视野不开阔。尽管外敌能破城而入,但敌人在迷宫一样的小巷里,肯定会失去方向感,不知所措。

一条道路的出口处都有一个小广场,像隧道一样的开口,面对着小广场,这里还可以穿过其他小巷。走在如此密集的小巷之中,虽然会出现在广场上,但毫无例外地都是清真寺前的广场(照片13)。

每栋建筑物的建造方法都极为简单,但所下的各种各样功夫,可见一般。建筑物越高墙壁越向里倾斜。也就是说,四面墙体通过向内相互依靠,形成了稳定的结构。面对小巷的墙面,直接使用干土坯，而面对清真寺广场或其他外部的墙面主要是刷白色灰泥。

虽然美化装饰的事情需要考虑，但与面对狭窄小巷的墙壁很少受到阳光直射相比，由于面对中庭和外部的墙壁会长时间受太阳辐射，这些粉刷在墙面上的白色涂料，也可以看作是一种防太阳辐射的材料。听住在这里的人们讲，经济富裕的人家多将墙面粉刷成白色。虽被邀请进到了住宅内参观，但就居住条件来说，只有面向外部和中庭的房间才有开放感，但谈不上舒适。

当然也有无能力粉刷成白色的住宅楼。希巴姆城的外观是粉刷成白色的外墙和土坯墙的混合墙，产生出了绝妙的色彩反差，创造出了一种独特的外观。

从较远的地方遥看这座沙漠中的超高层建筑都市，宛如海市蜃楼中的影像，就像站在哈得孙河对岸观赏曼哈顿城一样。然而，由于建筑密度远远超过了曼哈顿，从而失去了规模的概念，有说不出的压抑感，甚至令人不寒而栗。就当外敌靠近这座城市时，肯定会因为迫于这种压抑感和畏惧而终止攻击，毫无疑问，还在不断地发展这座城市的人们，已经把该城市外观所拥有的气势纳入到了设计计算之中。

照片13　清真寺前的广场

3
开罗（埃及）
在喧闹城市中开劈出来的空间——伊本·土伦清真寺

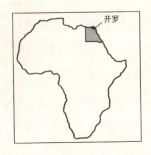

　　伊斯兰国家都有称之为集贸市场的地方，经常会见到一个清真寺突然挤进这种喧闹嘈杂集贸市场当中。这不能说与伊斯兰教的戒律无关，伊斯兰教规定要一日做五次祈祷。也就是说生活圈与清真寺毗邻是必不可少的。否则，就不可能既要保证正常的日常生活，同时又要一天五次做祈祷。

　　由于清真寺与百姓的生活紧密相连，因此，无论在集贸市场，还是在政府办公区、商店街或居民区，都必有清真寺存在。清真寺也有大有小，国王及贵族等人造访的大清真寺是面向居住在该城市中的所有信仰者的，它已成为该城市的标志，只有在举行大的仪式或特殊祭礼的日子里，才会有很多人造访。

　　例如，叙利亚首都大马士革的倭马亚清真寺；约旦安曼的国王·侯赛因清真寺；埃及首都开罗的苏莱曼清真寺；土耳其历史名城伊斯坦布尔的爱亚索菲亚清真寺等等，都属于这种大清真寺。除中近东以外，在马来西亚、印度尼西亚、文莱等国家也都有大清真寺，就文莱的斯里巴加湾市来说，在水上城市的中心部位就有一处大清真寺，该国家依靠石油致富，听说这座清真寺的屋面瓦是金板（不是金箔）。一个城市的大清真寺，显示出了这个国家的威信，从而建造得如此奢华。

不过，日常伊斯兰教信徒造访的还是身边的清真寺。这些清真寺往往大多建在人口密集的旧城区。那里或有集贸市场；或在城市空间里充斥着过往车辆的噪声，或喧闹的嘈杂声，往往与祈祷氛围很不和谐。因此，在空间上，需要把清真寺与嘈杂的城区环境切割开来。

其中最具代表性的实例，就是位于埃及开罗市区的伊本·土伦清真寺。该清真寺建在嘈杂闹市区里，就像加塞挤进去一样。一般朝向麦加（穆罕穆德的诞生地，伊斯兰教的发祥地和朝觐中心）方位，按照规定好的、以完美的几何学形式建造的清真寺，多数都是在偏离城区规划的地方。如果伊斯兰教的创立是在7世纪，那么，在此以前的城市里，大概就可以见到这样的清真寺。

在我的记忆当中，有数不清的清真寺建筑。如在尼日利亚扎里亚看到的清真寺；伊斯坦布尔的蓝色清真寺；伊斯法罕的马斯吉德·哈基姆等等。其中尤其挥之不去的就是开罗这座伊本·土伦王创建的伊本·土伦清真寺建筑。

公元9世纪建造的这座清真寺采用的是美索不达米亚传统，是很少装饰，非常简朴的建筑物。只是建在城区而已。但在与城区之间横跨一个叫做"兹伊阿达"的缓冲空间，使清真寺远离了城市的喧哗（照片1）。

外墙直面的就是杂乱喧闹的集贸市场，混乱嘈杂的道路，或是人口密集的建筑群。这面墙是厚而坚固的抹灰砖砌结构，使人感觉它不仅可以隔离外部的噪声、污染和恶臭等，还能抵御外来敌人的入侵，它尽职尽责地守卫着清真寺。"兹伊阿达"隔离空间的宽度约为10m，由三面环绕着清真寺，因此，要进入这座清真寺，就必须穿过这个缓冲地带，也就是说，不是从喧嚣的城区马上就能进入神圣的祈祷空间，而是要先要通过前室式的空间，于是，信徒可在这里正襟，调整情绪，使之进入严肃的心态。以宁静的精神状态去进行祈祷（照片2）。

为此，这里要经常保持整洁。两侧平行垂直矗立的墙壁就越发显出了一种紧张气氛，但往上看就会缓解这种紧张感，墙壁的顶部雕刻着可能是古兰经文的阿拉伯文书法。这种装饰绝非多余的设

照片1 将市区与清真寺隔开的"兹伊阿达"隔离空间

照片2 "兹伊阿达"空间

计，既抽象又有抑制效果，很有品位（照片3）。

清真寺的中庭标高比"兹伊阿达"高出1m左右，为此，在通往清真寺入口的木制门前边，铺设有半圆形的台阶。这个台阶进一步从心理上把"兹伊阿达"隔离空间与清真寺的内部空间分隔开了。穆斯林教徒在进入清真寺之前，在此处再一次正襟，这些台阶对于没有任何东西的"兹伊阿达"空间来说，也可以说是惟一的重点，每隔十几米就有一个，使这个空间具有规模感和远近感（图1）。

在"兹伊阿达"的一角有一个尖塔，也可以称之为清真寺的象征。一般情况下，清真寺里应该有一面表示麦加方位的穿透墙壁，在墙的中心部位有一个名为米合拉布的凹壁（圣龛）。对应这个凹壁与麦加相连的轴线，通常是对称地建造尖塔，有时为两座，有时为四座。但是，伊本·土伦清真寺只建造了一座尖塔，而且，这座尖塔有意识地稍稍偏离开了通向麦加方向的轴线。其理由可作以下解释（照片4）。

在这座清真寺中，有一个应该称作圣龛的米合拉布就建在朝向（穆斯林礼拜时的朝向）的前面，也就是在轴线上。详细地看一看平面布置图就会明白，虽然在米合拉布（圣龛）的前面有五排柱廊，但从清真寺的任意位置都能看到米合拉布（圣龛）。

这座尖塔使人联想起了螺旋形攀升的萨迈拉塔，但这座尖塔显露出了有威严气质的风格，正俯瞰着清真寺的中庭空间。广场为正方形，广场中央有一个用于"沐浴净身"的殿堂式建筑。

清真寺里必备"沐浴净身"用水。水池或置于中庭，或设于清

照片3　墙头上的雕刻

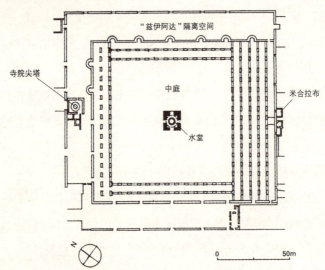

图1　伊本·土伦清真寺平面图

照片4 偏离中央轴线位置的寺院尖塔

真寺的进口处,或者安放在清真寺的外边。最近,也有的地方在清真寺的外边准备了一排自来水龙头用来"小净"。这种水可以看作是参拜日本神社时必有的净身水。在这里穆斯林要认真地用水"净身",包括耳朵眼和脚心。建于伊本·土伦清真寺的中庭中心,有一个在一般清真寺中很少有的水堂建筑。该水堂建筑呈正方形平面,随着不断地往上升高,逐渐变成了多角形,而后很快就向着圆顶型转变,这是一个具有奇妙魅力的造型。

整体上的装饰有限,但在缓冲空间"兹伊阿达"和面向中庭的女儿墙上,却都装饰有伊斯兰特色的凹凸图案。通过品格高尚的设计、"兹伊阿达"和中庭的空间构成、具有威慑效果的寺院尖塔等因素,尽管位于喧嚣的城市中,但这座清真寺却成了一座很有气派的建筑。

4
科伦坡（斯里兰卡）
光与空间的魔术师、杰弗里·巴瓦的三所住宅

科伦坡

　　杰弗里·巴瓦的建筑特点很多，如在城市建筑中，以带庭院的住宅为基础，求取内、外的绝妙和谐；追求空间的流畅；以及造型的丰富多彩等等。另外，建造于大自然当中的建筑，其特点可以说分不出内与外，是没有围护结构墙的开放式空间。更令人惊叹的是，建筑不仅创造了如此丰富的内涵，而且还都是没有任何质疑的低成本建筑。注目静观它的建筑装饰，均选用的是极为普通廉价的当地建筑材料。为何杰弗里·巴瓦住宅能如此韵味十足、丰富多彩呢？

　　首先感觉到的是空间及其场面的展开。虽然可以说这是他的建筑共同的特点，但他的空间可以说是狭窄的通道与宽大的空间相互连续。凡宽度狭窄的地方一定要控制室内的净高。处处都会有意识地、微妙地改变着通道的宽度，使之富于变化，这要经过

大量的计算。

但是，杰弗里·巴瓦不像美国建筑师费兰克·劳埃德·赖特那样生搬硬套，而是自然流畅。只要委身于空间走向即可，没有生硬的空间割断，所以，时而走到了外部庭院，时而又回到了原来的地方，简直就像是一个魔术的空间。

按照杰弗里·巴瓦的草图，认真地检查一下通道部分，就会发现通道上画上了无数的线条，可见他对通道的宽度，经过了相当慎重的研究。而且，在通道上又加进了大大小小的很多院内小庭园，即增加了采光，又提高了通风能力。在热带地区，光线昏暗就像北国需要日照一样，是一件非常重要的事情。昏暗与光明编织的空间舞步，绝非在平面图上可以表现出来的。

我们已经习惯了按照几何学的形式画出漂亮的平面图，杰弗里·巴瓦的平面图，并不能立刻唤起人们的任何兴趣和感动。然而，平面图只能表现出地面的状况，若将空间加以分段，就可以在脑海里表现出空间的形象。但是，正如杰弗里·巴瓦的空间那样（尤其是巴瓦府邸、锡尔巴府邸更为明显），有意消除了连接，致使空间的范围不明确，而且相互贯穿到拓扑结构中，有时甚至故意制造出里外颠倒，这样的建筑往往在迷失自我的过程中，就完全被吸进到这个空间里边去了。我们的头脑已经习惯了控制论，就连真实与虚构都时而辨别不清，然而，在这里只是身体与空间的交往，再加上阳光、徐风、香味和各种树木的沙沙作响，全身都将被完全暴露在空间里，这就是空间按摩浴。

杰弗里·巴瓦府邸

建筑内外就像麦比乌斯的轮子一样,瞬息万变地反复改变着。在已经感觉走了相当远的距离时,其实又回到了刚才走过来的通道墙壁的里侧,这种情况,如果不看图纸,是不会知道的。但只看图纸,却又不能想像出空间模样。由平面做出决定是现代主义的特点,平面基本确定之后,再进入空间的研究。或许在画出图纸之前,在杰弗里·巴瓦的头脑当中就已完成了空间构想,就好像莫扎特的乐章一样。如果看一看杰弗里·巴瓦的平面图,就会发现他把必要的空间描绘在了头脑当中,就像智力测验一样,将这些空间挤入到建筑用地当中。但挤入方法并非易事,既要分配好必要的房间,又要把空余的地方变为庭院。为了不浪费空间,墙壁垒砌得弯弯曲曲,在这些墙壁的近侧或远侧,不是房屋,就是中庭,在空间上没有一点儿浪费(图1)。

杰弗里·巴瓦的府邸令人震惊的是,打开大门进入入口处之后,

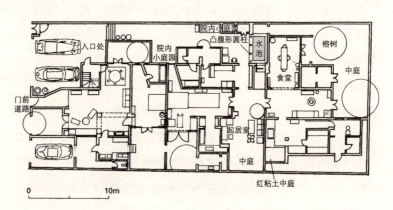

图1　杰弗里·巴瓦府邸的平面图

右手侧的空间是停车场，可以并排停放两辆劳斯莱斯汽车。穿过停车场，右手侧有一条通道，小小的壁龛处摆放着桌子和椅子，这里只种植了一棵很细小的树，上部有光线投下，可以看见对面通往二层的漂亮的楼梯。在入口处的正面有一条很长的通道，通道尽头处向右拐着弯（照片1）。沿着这条通道继续向前走，地面逐渐向下低下去，但在通道的中途只有数级台阶。途中右手侧有一个院内小庭园，上部有自然光照射在通道上，院内小庭园里稀稀拉拉地种着几棵叶子很少的树，地面铺着像泥土砖的东西，简洁明快，很有日本院内小庭园的情调。仔细一看，这种院内小庭园只有极少部分暴露在通道上，为此，在通道很远处的这边就能发现这个院内小庭园的存在（照片2）。

通道在接近尽头处，稍稍有些向右偏转。在向右偏转的墙壁的对面又有一个小的院内小庭园，从通道转弯处向前进的方向望去，可以看到一根有大柱头的凸腹状圆木柱子，继续往前走，在正面就会出现第二根、第三根，一会儿还会出现第四根柱子（照片3），这里有充足的光线射入到房间里边。柱子的对面是一个小水池，与面

照片1　入口前的劳斯莱斯汽车。左手一侧的里边是通往住房的通道

照片2　半户外空间的院内小庭园

临通道的中庭群一样没有里外之分,这里是一个半室外空间。整个通道的地面、墙面全部粉刷成白色,白色将会通过反射光而把光进行三维扩散。

向右转弯后,突然顶棚就变高了,该顶棚从眼前到对面呈现一个下斜坡状态。如果认为这里是起居室,两边放有固定的椅子,是一个进深相当大的空间,里边放了很多花盆,那就错了。实际上,起居室对面的另一半是中庭,完全是外部。室内外的地面却完全连在一起,而且,室内与室外之间根本没有构成分界的玻璃或隔断墙等,所以,无法区分到哪里算是室内,到哪里算是室外。但从对面进来的自然光和凉风使人会心旷神怡。抬头仰望中庭,可看见蔚蓝的天空(照片4)。

下雨时进入到庭院里,尽管与外部完全被隔绝,但能够随时把握住天气的变化,内部和外部完全连成了一体。

从起居室左手墙的开口进去就是杰弗里·巴瓦的书斋。直到顶棚的书架里塞满了书,正面装着茶色玻璃。书斋中的自然光受到了

照片3　有凸腹形圆柱的院内小庭园和水池

照片4　与室外中庭相连的起居室

一定的约束,从明亮的起居室刚一进到这间书房时,会产生一种突然进到了黑暗之中的错觉。待眼睛适应了这种环境之后,就会逐渐发现,黑暗的空间,实际上比其他房间还要安静,作为书斋很舒适。

走进书斋右手墙的开口,即是橘红色的小画廊。地板瓷砖是鲜亮的橘红色,中庭地面铺的是红褐色大卵石,所以,白色的墙面就被映成了橘红色。虽说是一个小小的院内小庭园,但却戏剧性地创造出了光的色彩层,给造访者留下了深刻印象。

由此回头看去,看到了右手侧的书斋,再往里走就进到了餐厅,餐厅面对着外部的庭院,这个庭院不像前面提到的院内小庭园那么小,从摆放着烧烤台来看,好像这里正在举行户外聚会。在那宽敞的庭院里有一棵杰弗里·巴瓦喜欢的大榕树坐镇中央(照片5)。

这个庭院像是房间内部延长的空间。其证据就是,完全像起居室一样摆放着椅子,在庭院的犄角处还摆放着浴盆。

照片5 端坐于中庭中心的榕树

锡尔巴府邸

锡尔巴府邸也和杰弗里·巴瓦府邸同属庭院式住宅,依然是进深尺寸大于开间尺寸。但是,如果对比一下两者的平面图,可以发现,巴瓦府邸的构成很复杂,而锡尔巴府邸的构成则很清晰。若从前面道路一侧来看,围墙大约缩进有5m左右,基本在墙的中央位置有进出用的门。右手侧有私人停车场用的平开门,左手侧为通风用的开口,该开口上挂着筛孔或网眼一样的陶瓷制品,有点儿像日本的竹帘,从外面看不到里边,但可以从里边看见外面。所有的开口上部都呈拱形(图2)。

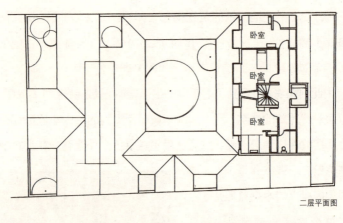

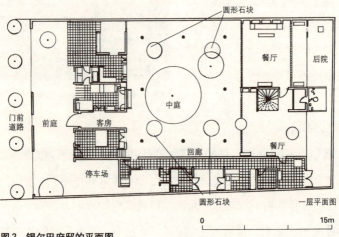

图2 锡尔巴府邸的平面图

可是，开口上部能成为水平状态的只有中间门的上部。也许这堵墙是泥土砖垒砌结构的原因，门的上部设置了横楣所致。进入中央门之后就是前院，前院进深为五六米，几乎占据了正面宽度的全部，地面上铺满了大块的扁平石，前院的正面在整个正面宽度上都可以看到建筑物内部的墙面。该墙的中央在与外部相连的大门轴线上又开了一个新大门。门前摆设了一块直径2m的大型圆形石头。

大门为木制，门板边缘修饰较大，门洞稍深，大门中央的木门扇板上铆满了门钉，显示出一种威风凛凛的气势。大门的两侧摆放了一对左右对称的，类似南太平洋中复活节岛上的巨石像。好像是在有意地破坏对称一样，在左边石像的旁边又放了一个大的水瓶（照片6），这种水瓶作品在旧巴瓦事务所及巴瓦别墅等杰弗里·巴瓦的作品中屡见不鲜。房顶向中庭挑出1m左右，形成屋檐，遮住了整个正面宽度的白墙，白墙面上安装了纵向木制百叶平开窗，目的是为了保证房间内部的采光和通风，但不知为何把平开窗都分成了上下两部分。打开大门就是细长的通道，强烈的光线从正面射进来，再往里边走，就是一个很大的中庭（照片7）。

该中庭十分宽敞，与巴瓦府邸七零八落的无数院内小庭园形成了鲜明的对比。锡尔巴府邸是以这个大中庭为主，周围是住房。中庭为长方形，周围环绕柱廊。柱廊为木制，木柱为凸腹状圆柱，柱脚和柱头都包有石雕。通道铺设了四方块石板，石板的铺设方式很绝妙，大小不一、各种各样的矩形石板无序地铺在地面上，接缝处填满了白色砂浆。因为采用白色砂浆勾缝，更加突显出了石板铺设方式的美感，在光线照射下产生出光的反射（照片8，9）。

倾向中庭的一面坡屋顶，在末端部设有雨水槽。没有纵向雨水落管，而是采用了怪兽头滴水口的形式，雨水就从这里垂流下来，怪兽头滴水口由镀锌钢板制成，旧巴瓦事务所同样采用了这种设计方案（照片10）。中庭的四个角落里都放有一块直径1m的平面圆石。

再往里边就是个人私密住宅。一层为起居室和餐厅，二层为寝室。一层的背面是一个细长的后院，背后的墙就是建筑用地界线。整个后院的地面铺满了大卵石，还种了几棵树，后院的中间修建了一个水池。建筑用地界线一侧的墙有两层建筑高，好像是为了保护

照片6　锡尔巴府邸的入口处前庭

照片7　从中庭回廊看到的景色

照片8　中庭回廊被一面坡屋顶的屋檐遮盖

照片10　怪异形状的怪兽头滴水管

二层寝室的个人隐私（照片11，12）。

起居室是一个开放式空间，夹在一层的背面和中央的两处庭院的中间，没用任何隔墙。再仔细一看，只有起居室的地面是用石板铺成了对角线的形式，与通道产生明显的分界线。虽然顶棚是用混凝土的梁和楼板搭建而成，但与墙壁一样，全部粉刷成了白色，通过反射来自两侧庭院的光线，保持了室内的良好采光。

因为两面都有庭院，所以通风极为良好。坐在这里，既不能说是内部，也不能说是外部，产生了一种无法表达的感觉。餐厅与起居室一样，一侧是中庭，一侧是后院（照片13）。

在起居室与餐厅中间有通往二楼的楼梯。

照片9　中庭回廊用白砂浆勾缝的铺石地面　　照片12　杰弗里·巴瓦设计的原创灯泡

照片11 后院

通往楼梯的走廊出入口处,都有斜格的木制格子窗,未使用一块玻璃。面对走廊的出入口的窗台有充足的宽度,窗台上摆放着一些陶器、竹编制品和其他艺术品等。

二层走廊的最里边是浴室。盥洗台、墙壁收纳阁、浴盆等全部用混凝土砌筑而成。并全部粉刷成白色。盥洗台是用混凝土浇筑在地面上的一个大混凝土墩。上面连续镶嵌了五个深蓝色的陶瓷盆,像是在水泥墩上一点一点地敲打出来的洞眼,便器以及浴盆也都是如此。室内粉刷得洁白,真是一个明快、舒适的空间(照片14)。窗台的下部为储物抽屉。此浴室没有顶棚,保持原有的人字屋顶,椽条和基底板均为原始模样,所以顶棚(实为屋顶)显得很高。

照片13 连接中庭的起居室

照片14 嵌入混凝土里的盥洗盆

路旁的房屋有两套客房和一间书房,这是一所平房。采用人字屋顶,只是在屋顶的中心部位,加盖了高出一截的分水小坡顶。通过小坡顶可自然采光,同时还能进行自然通风。内部全部粉刷成白色。顶棚很高,面临正门通道的客房,正对着中庭有一个很大的开口,自然光和风可从中庭进入到客房里。

旧巴瓦事务所

以前的巴瓦事务所现已变成了咖啡店。尽管锡尔巴府邸的进深也很大,但远不及旧巴瓦事务所。如果锡尔巴府邸的正面宽度与进深之比是一比二,那么旧巴瓦事务所则为一比五。使人不由得想起京都的临街商铺和河内的临街商铺。巴瓦在巧妙地分开使用这种特殊的建筑用地。

整体构成甚为简单,平行布置了三栋房屋,与进深方向的建筑用地垂直交叉。将房屋之间的空地设计成中庭,这是巴瓦的习惯的做法。最前面的一栋房屋面临前面的道路,中央部位有一个进口(图3),进口截面的顶部有一个像摆线一样的水平展开的拱门(照片15)。这种拱门是巴瓦的设计创意原作,在其他的建筑中也能随处可见。进入此门以后,就是一个近似正方形的宽阔的中庭。中庭的两侧种着几棵树。在巴瓦的建筑中最令人佩服的地方就是,他所选用的树种、树高、树形、叶形等均与那里的空间非常和谐(照片16)。

面对中庭的第二栋房屋有柱廊。上部的一面坡屋顶没有雨水落管,雨水自然滴流,屋檐下的地面铺了很宽的沙砾层,使雨水滴落在沙砾上。这栋建筑里,过去曾有过办公室的门房、接待室和会议室。大概来访的客人只允许进到这第二栋房屋的缘故吧,该建筑中间的通道极为狭窄,虽说车与人比例不一样,但可以看出,从此往里好像完全是私人的活动区。

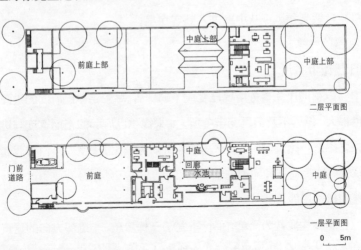

图3 旧巴瓦事务所的平面图

照片15　由门前道路看入口

照片16　融入树形的前庭

通道里近乎黑暗，战战兢兢地进去以后，便来到了一个正方形的空间。穿过通道之后，出现在眼前的是中庭，实际上这里就是办公寓所，是最值得一看的地方。在通道的轴线上有一个细长的水池，水池两侧有柱廊，柱廊上部是人字屋顶。我来此地访问的时候，正赶上下雨，大量的雨水流进了中庭。令人感到意外的是，人字形屋顶的屋檐处装有水平雨水槽，雨水没有顺着屋顶往下滴流，在水池的轴线上左右对称地装有怪兽头滴水口，从怪兽头滴水口流下的雨水就像是一对水的雕刻。

水池左侧柱廊的里边是中庭，周围铺着粗砾石。中间为琢石地面，并种有巴瓦喜欢的树木。摆放着巴瓦平常最喜欢采用的大水瓶。左右两边的建筑用地边界墙砌得很高，墙面涂抹成土黄色，给中庭空间增添了不少色彩（照片17）。

木制的柱廊与锡尔巴府邸一样，柱头和柱脚都采用石材，柱子的中间部位鼓出，稍有凸腹状。柱廊的柱子之间的跨度较大，从侧面一看略有笨拙的感觉，所以，再看一下侧面的立面，就会发现柱间距与高度的比例为二比一，横向较长。

照片17　面对回廊的中庭

如果是现代建筑师，或许会采用一比一的比例来设计柱距与高度，但这样会使柱子过多而繁杂，空间构成会给人以杂乱无章的印象。这是平面设计的现代建筑师轻易不会做的事情，能在头脑中清晰地刻画出实际的空间，这是巴瓦的绝技。

由于屋檐向外挑出很大，致使水池上部露出天空的部分仅占中央部位的1/3左右，所以，光线反倒显得更加集中，落入到中庭里的自然光就像光线一样，效果极为突出。目光沿着光线看下去，正面就是第三栋房屋的大门。如果考虑到人的步行走动，却把水池放在轴线上，这完全是一个出乎意外的构思。也许，联想一下希腊和奈良的建筑就会很容易理解了，大部分柱子的间距都是按奇数分配，很少在中央轴线上有柱子和障碍物。众所周知，奈良西部的法隆寺实属是一个例外的代表性建筑，它用的是偶数柱距，柱子立在了中央位置，但自古以来，一直围绕着中央立柱的含义，有着诸多的争议（照片18）。

只有最里边的一栋房屋是二层建筑，办公空间基本都集中在这里。通过影集可以判断出，穿过中央通道之后，这里曾经是巴瓦的办公室。左手一侧的里边曾放着巴瓦的办公桌，右手一侧有会议用

照片18　由木柱廊和水池构成的第二中庭

桌。在中间高出地面的地方有一个水池。

有柱廊的屋檐面对着最里边的中庭。这里有点儿像日本的檐廊，活动隔断往里移动后，屋檐部分就变成外部了。但是，如果将活动隔断收起来，这里就又变成了既不是外部，也不是内部的分不清的暧昧空间，然后再与里边的宽阔中庭接起来，使内外形成了一个空间，这是巴瓦的得意作法。

在锡尔巴府邸以及巴瓦设计的一系列饭店旅馆中，到处都留有他的独特椅子。无论是用低造价的细钢筋编织成的，或是只用混凝土块制成的，以及用木头制作的简单的，或者是他本人选择的，乃至传统的椅子等等，这些都与他的室内设计很适称（照片19，20）。

对于这种特殊的进深大的建筑用地，既要巧妙地配置中庭，又要与平行的两面墙成直交排列出人字屋顶的房屋，这完全是正统派的作法。虽然他巧妙地分开使用着屋檐、柱廊、水池，墙壁的装饰以及空间的大小等，但实际上，进到这所建筑里边一看，并不感觉到在平面图上所看到的进深。正因为如此，巴瓦设计的空间越往前走，就越富于变化，给人一种瞬息万变的新场景，原来这里的主角仍然是空间。

照片19 巴瓦设计的原创家具

照片20 巴瓦设计的原创家具

第三章 水——自然创造出来的城市

1
斯里巴加湾市（文莱）
水上城市——坎蓬·爱雅

"坎蓬·爱雅"这一美丽动听的词汇是马来语。马来语中有着很多美丽动听的词汇，譬如，大街叫"佳兰"；散步叫"佳兰·佳兰"。"坎蓬"在马来语中意思是村落，"爱雅"是水，"坎蓬·爱雅"就是水上村落的意思（照片1）。

在东亚的马来西亚、泰国、印度尼西亚等国家，常见有水上住宅。但都比不上文莱斯里巴加湾水上村落的规模。斯里巴加湾是文

照片1　水上村落风光

莱的首都。文莱很长时间是英属殖民地,第二次世界大战期间是日本的占领国,1984年获得完全独立。

斯里巴加湾有着悠久的历史,在第五代苏丹国王时代,整个婆罗州岛都在其统治之下。婆罗州的名字就来源于文莱。从地理位置上看,婆罗州岛北部属东马来西亚管辖,文莱就在其中部。总体看,文莱是一个小国,汽车跑两个小时就可以到达边境,人口不足30万(截止1998年)。因为拥有丰富的石油和天然气等地下资源,人们的生活很富有。

文莱绝大部分人都信奉伊斯兰教。国王被称为苏丹,同时也是国家元首。由于文莱拥有丰富的资源,据说国王家族的财产与收入是天文数字。国王苏丹住在建于伊斯塔纳河河畔的巨大宫殿之中,建筑面积约为500m×250m左右。宫殿建在高高堆起的小山丘上,总体建筑属于伊斯兰教式样,左右两栋建筑各有一个大圆顶,直径约有30~40m,让人大吃一惊的特点,就是圆顶上铺盖的金板。不是金箔,而是金板。有人说耗费数千亿日元,也有人说一兆亿日元。

在东南亚常见到水上住宅,就像曼谷等地方那样,市场活动全部在水上进行。对于东南亚人来说,水是神圣的,而且与生活密不可分。人们经常是与河川共同生活的,如柬埔寨的金边、老挝的万象、越南的胡志明市和河内、泰国的曼谷、缅甸的仰光等等。分析起来,可有以下几条理由。

首先是水上交通。毗邻城市的河川,一般都是大河。利用水运可以跨越海洋,进而到达其他国家,比陆路方便很多。当然,还可以从河流获得城市生活必需的生活用水。除此之外，其实还有一个很大的优越性，就是水边比陆地凉爽。水起到天然空调的作用。日本也有用水泼街的做法，在炎热夏季的傍晚往地面上洒水降温，道理是一样的。

文莱水上住宅的历史，恐怕在东南亚也是最古老的，据说可追溯到千年以前，今天仍有大约三万多人生活在文莱河上。文莱政府曾计划废除这个水上住宅群，因为他们感到这是国家的一种耻辱。事实上，新加坡在20世纪70年代以前，还仍然保留着这种水上住宅。后来是政府将其全部拆除了。文莱政府有着丰厚的财源，也和新加坡一样，在陆地上推广钢筋混凝土结构，建造有空调设备的现代化公寓住宅。伴随住宅建筑的完工，开始陆续把水上居民搬迁到陆地上居住。经过一段时间之后，却发生了政府也没有料想到的事情。很多本来已经搬迁了的居民，又开始返回到原来水上的家。政府急急忙忙地进行了居民问卷调查，得到的答复是，他们失去了已经习惯了的生活方式；失去了原有居民的邻里关系；不喜欢在混凝土的房屋中生活。

水上村落（"坎蓬·爱雅"）在文莱河的两岸大范围地扩展，利用穿过住宅群的水上交通，把几个分散的村落联系起来，并分别建立起一个社区单位（照片2）。

走进水上村落，乍一看是无规则的步行踏板（铺木地板的地面宽度只有1~1.5m，从间隙之处还可以看到下面的河水）将内部网织在一起。其实，里边也有主路，并像树的树枝一样，再分出岔道来。

主路两旁有各种各样的店铺,偶尔也会碰到一个大的建筑物,或是一所小学校,或是村公所的办事处,或是邮局等(照片3、4,图1)。

最经典的是水上市场,用船舶运来的食品、蔬菜、水果、鱼类

照片2 俯瞰水上村落

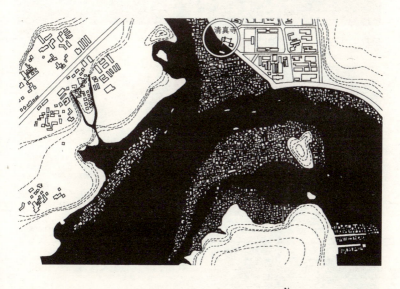

图1 斯里巴加湾市区图

照片3 通往水上村落的通道小桥

照片4 水上村落内的小巷

等等密密麻麻地摆放着。

　　生活用品应有尽有,生活很充足。步行踏板宽度窄小的原因是为了制造阴凉。踏板上还摆放着椅子等,在酷热的白天人们也能在这里活动。凉风透过踏板的间隙吹上来,为步行踏板送上徐徐凉风。因此,这里的每一户住宅的平面模式,几乎毫无例外地都是半公用的起居室面对步行踏板,而将私密性的寝室等放在起居室的背后。几乎所有的起居室的窗户都是敞开的。走在步行踏板上,房中的全部生活一览无遗。可是,这里的人们毫不介意,甚至可看到老人等只穿一条短裤的悠闲生活。这种步行踏板也是孩子们顶好的游乐场所,常可见到小孩喊叫着、追跑在踏板上。

　　到了傍晚,踏板上满是人群。乘凉的人们,或坐在长凳上聊天;或玩一些像围棋一样的东西消遣。我们这些外来人参与其中也并不在意,人们享受着自由自在的生活。他们之中的大部分人白天在陆地上工作,离开水上村落——坎蓬·爱雅,登上陆地,那里有他们的停车场。令人吃惊的是,那里竟然并排停放着外国的高级车。

　　我们是1985年到过这里,已经是十九年前的事了。环视各家的起居室,电视、冰箱以及立体音响等应有尽有,当时 电器产品还是非常奢侈的用品。但没有见到空调设备,令人不可思议。

　　由于人口的不断增加,也产生了一些问题。例如在满潮时,本应流入河口的污水,以及带有塑料垃圾的河水就会倒流回来,住宅群下边的河水开始散发出恶臭气味,这里的厕所几乎都是直接排入河水中。再如,我们调查水上村落——坎蓬·爱雅时,时常遇到暴风雨的侵袭，这时候，我们就会躲进到住宅的地板下面避难，以躲避倾盆大雨，但如果稍不留神顶棚，头顶上便会有意想不到的东西掉下来。

还有一个大问题就是交通问题。这里说的交通问题不是汽车，而是水上交通，也就是摩托艇。这里的人们专门供自家用的摩托艇不多，基本上都是使用水上出租车——摩托艇。在早晚的上下班高峰时间，无数的水上出租车——摩托艇来回穿梭，日落天黑以后，出租车——摩托艇仍在照明灯下，高速行驶在水面上，因此，常有交通事故发生（照片5）。

鉴于上述原因，文莱政府委托丹下健三事务所提供一个现代化的水上村落方案。包括上、下水管道及将来的通信电缆等基础设施。特别是污水处理，要划定出污水处理区域，每个区域都要有现代化的污水处理场。

问题是水上交通，经过各种方案的比较研究，提出了单轨自控磁浮式超高速列车方案。如果采用单轨式，就只需要单根柱子，而且，跨度还可以加大，同时也有利于工程施工等。而且，转小弯敏

照片5 水上出租车——摩托艇

捷方便,适于跑在线路复杂的水上村落之中。这样一来,即使不用水上摩托艇,也可以自由活动于社区之间。

文莱政府以该方案为基础,也应该叫做水上村落的现代版,进行了拥有现代化基础设施的水上住宅群的建设。但是,由于各栋住宅之间要有充足的距离,所以很难再形成由原来曾经存在的相邻关系而产生的社区形式。

另外,规划方案中的社区,没有了过去人口密集的水上村落,没有了生机勃勃的户外空间,给人留下了大杀风景的印象。要在短时间内建成这样的无名空间,无疑是困难的。若按现代建筑规划学来完成设计的话,最后的结果基本上都是残酷的。

那种生气勃勃、有活力的空间,是在漫长的岁月里,逐渐积累了人门的智慧之后,才形成的。

2
吴哥窟（柬埔寨）
热带丛林中的贵夫人

严格来讲，吴哥窟只不过是700多处古迹群中的一个。这里曾经建立过一个王朝，那就是公元802年，高棉人兴盛时期的吴哥王朝，9世纪末期，曾在现在的位置兴建过都城。规模宏大的都城位于金边西北部的洞里萨湖旁。为了解决如此庞大的城市人口的生存问题，必须有充足的食粮提供，为此，就要发展农业。吴哥王朝从洞里萨湖引来湖水灌溉农田，使水稻能有两茬或三茬的收获，从而使该城市得以维系了600年之久。从吴哥城的总平面图可以看出，大小不一、自成比例的长方形朝着同一方向，无规则地排列着。所有这些建筑物都整齐地对准南北轴线，只不过有的呈现极端的横长，有的近似正方形，而且大小不一。其中只有吴哥通王城遗迹曾是吴哥王朝的首都（图1）。

吴哥遗迹由王宫和有无数塔的佛教寺院以及其他寺院构成，塔上刻有笑容可掬的佛像，佛像被称之为"巴约"。1113年第十八代王即位，这位20多岁年轻的苏鲁亚巴尔曼二世，马上着手建造大规模寺院吴哥窟。这座宏伟壮观的大寺院，当时是为祭祀守护婆罗门教宇宙的毗瑟拿神而建造的。后来，国王去世后，便成了国王的坟墓寺院。矩形建筑物四周城壕环绕，由水包围着。城壕中的水除用于农业灌溉和防御外敌的入侵之外，肯定还有着某种宗教的意义。也就是说，用有水的城壕与外部隔绝，形成一个神圣的领地。

自古以来，不同的宗教几乎都与水有着不解之缘。无论基督教、伊斯兰教、佛教，沐浴净身都离不开水。可以认为这座婆罗门教寺院也曾经用水来净身。况且，从科学的角度来讲，水可以吸收汽化热，起到天然空调的作用。一个城市或寺院的周围以水做屏障，一定对降低内部的气温发挥重大作用，这足以见证吴哥的精神性和科学性。参拜吴哥窟，要走寺院西侧城壕中央的中央参拜道路。从吴哥窟的平面布置图来看，可以得知，东西轴向为寺院配置，采用完全的左右对称形式（图2）。建筑用地东西方向略显横宽，约有1000m，南北方向约为900m，折合面积约为$1km^2$左右。周边由宽190m，长5.6km的城壕环绕。向左右延伸的柱廊，面对参拜道路的城壕而立，中间是修得颇有气派的街门。进入吴哥窟，即可看到位于建筑用地东侧的主殿有三层回廊环绕，随三层回廊的逐渐向内侧深入，地面也逐渐升高。最里层的回廊中心是主殿，回廊的四个角落都有佛塔，加上最高的主殿塔，共有五座塔。据说，该寺院的整体平面布置具体体现了婆罗门教的宇宙观，这五座塔表示了被

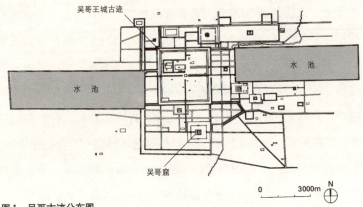

图1 吴哥古迹分布图

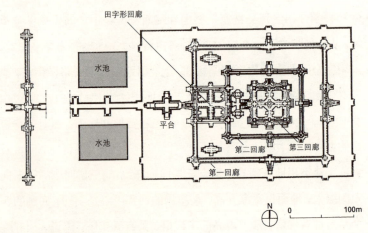

图2 吴哥窟平面图

称为婆罗门教世界中心的须弥山；周围城壕里的水，表示汪洋大海；环绕五座塔的回廊表示为灵山的喜马拉雅连峰。走过吴哥窟内的长长的参拜道路，因后面远处的塔被前面近处的塔遮挡，所以只能看到正面中央的主殿及其两侧左右对称的佛塔。各座佛塔在早晚时分，分别处于逆光或顺光，三座佛塔就浮现在晨光或夕阳的光线之中（照片1）。

即使是在吴哥窟的空间顺序中，尤其是从靠近水池的一侧看到通道轴线上的构图最为精美。像是透视图一样，笔直延伸到正面大门的参拜道路，正面大门两旁是左右对称，且水平扩展的回廊和柱廊，雄姿倒映在左右城壕的水面上。中央门的两侧并列着略低一点的门，这些门的顶部不像正殿那样顶部尖尖，形状就像被水平地刀削过一样。在宗教建筑中，这样的建筑还是很独特的。可能出于宗教的某种意义，或是其他什么理由，这两座门并不用于人的进出。从设计角度来看，它均衡完美，有着抑扬顿挫的效果，美不胜收。这种创作思想也被运用到了环绕主殿的三层回廊，形成了吴哥窟的重大特征。确实，如果这些门不设在回廊的拐角处，回廊的端部接

照片1　正面只能看到三座佛塔

合就很难处理,无法作为构图做出决定(照片2)。

穿过中央大门,建筑用地的内部全景就会映入眼帘,在这里第一次可以看到佛塔的整体面貌。宗教建筑(最后成了苏鲁亚巴尔曼二世的坟墓)一般都会给人们留下威严的印象,然而,吴哥窟却表现出了优美典雅的表情。如果说,最外侧的柱廊将外围的城壕与寺院内部隔离开了,那么,内部的三层回廊则是守护着主殿。由外部窥见不到内部的结构。由最初的一道门到主殿门约有四百多米的距离,这两座门由参拜道路连接起来,参拜道路的宽度与穿越城壕的道路同宽。道路两旁有石栏杆装饰,然而,现在两侧已无水池,而是一片土地。看来,参拜道路的两侧,很可能原来就是对称的长方形水池,现残存的水池已经很不规则。笔直通向主殿的400m参拜道路不免显得有些单调,为弥补这种缺陷,道路两旁每隔50m设置一个可以走下道路的台阶。沿着参拜道路继续往前走,不久,隐藏在后边的两座佛塔就慢慢地从背后显露出雄姿,而且纺锤形的佛塔塔顶也逐步露出了全貌。借助平面与剖面,研究吴哥窟的空间,尽管可以理解它的三维构成,然而却很难掌握适于拍摄每个视点接连

照片2　回廊转角处起到衔接作用的门

变化的透视图。吴哥窟的平面无疑是几何学结构，而且是依据完整数学概念的建筑，或许施工现场的指挥人员就是按照数学思路控制着整体的建设，平面乃至立体都是如此。在决定吴哥窟的高度时，应该是肯定充分考虑了它的视觉效果。

除第三回廊的五座塔之外，包括第二回廊的四个拐角处的四座塔在内，实际上应该有9座塔。越往里，这些塔就越高。于是，所有的塔就形成一个整体，衬托出中央主殿。另外，回廊内的中庭地平面也随着往里走的距离而升高。第一回廊本身就是坐落在有边缘修饰的长方形台座上。

从外部看，第一回廊为上、下两层结构，上部的屋顶下有纵向百叶窗和柱子的空间，下部是支撑上部结构的台座。下部台座的平面高度，即为内侧中庭的高度。第二回廊同第一回廊一样，也是上、下二两层结构，依然为同样的剖面构成（照片3）。第三回廊仍然用台座做支撑，但高度远远超过前边的两个台座，台座的形状就像金字塔的底部，并呈陡峭的阶梯状，因此，比第一、第二回廊的屋顶还要高出很多。目的是，从环绕外周的城壕外侧远望过去，就会感觉到矗立于中央大台座上部的主殿的雄伟壮观（照片4）。参拜道路轴线上的第一、第二回廊之间为田字形平面的回廊形式，有4个中庭。田字形回廊与第二回

照片3 坐落在大台座上的回廊

廊衔接之处有一个很大的台阶,登上台阶以后,就步入了第二回廊的中庭层面(照片5)。

与进入中庭之前的外部宽阔空间相比,这几个中庭便显得很窄小,这一点反而使来访者产生了紧张感。田字形的十字部分在通道上,左右两侧各有两行排列柱,因此,光线多为逆光。在光线的作用之下,更增加了进入主殿前的紧张感。

穿过回廊,登上正面的台阶,眼前突现陡峭的大台阶,台阶的陡峭就像墨西哥特奥蒂瓦坎的棱锥形台阶。只是吴哥窟的结构与之有所不同,一跨进门,陡峭台阶马上就出现在眼前,空间的变化太突然而已。

到吴哥窟一看会有众多的发现,诸如:无论是在城壕外的远眺,还是行走在参拜道路上,随时都会发现变化着的空间。如果脱离开参拜道路的轴线,随便漫步在吴哥窟的占地范围之内,再来观察中央神殿里的五座塔,就会感觉到其内涵更加丰富多彩。如果静心凝视,或许从某个拐角处,可以看到设置在回廊中途的门及回廊四个转角的门、中间的大塔忽然出现在同一轴线上;或许发现第三

照片4　第一回廊内的大台阶

照片5　从第一回廊攀登到第二回廊的台阶

回廊的四个转角和田字形中庭的外侧回廊及第一回廊的门巧妙地重合在同一轴线上。这就意味着，巡游在按照几何学形式规划出来的城市和建筑之中，找出镶嵌在这里各种设计手法和技巧，就会有探宝一样的无穷乐趣。

要说构图其实很简单，三层回廊环绕的神殿；若再将决定城壕边界的柱廊也包括进去，四层回廊就全部由柱廊构成。这些柱廊都突出了水平方向。其依据就是在柱廊的台座与屋顶部分采用的设计思想上，强调了与四周舒展而水平地连接的横线。像做三明治夹心面包一样，将柱子夹在中间，并形成上、下连接的四层回廊，进而与外围水面一样，通过水平线达到了烘托、突出矗立在神殿中央的塔的作用。

如果四周只是单纯的连续起来，不免会造成视线的流失，但是，在四个转角处采用设置辅助门的方式，则适当地起到了分节的作用。于是就形成了水平与垂直有鲜明对比的、条理清楚的构图（照片6）。

当人们行进在穿过中央的轴线上，逐一通过四道墙时，就会接连不断地碰到变化的空间和相关场景。随着不断地往里走，空间也越来越小。走在轴线上的人们就会感觉到空间在被逐渐地缩小，而且还在笔直地向上攀升。

一旦攀到最后的神殿，人们的精神就完全被这里的建筑吞食了，心中只有一味地崇拜神了（当然是通过死者的灵魂）。

照片6　第一回廊内的大台阶

3
河内（越南）
诞生在河中沙洲的城市

"哈诺依"是越南语，中文叫"河内"，"河内"这座城市形成在红河沙洲，"河内"之名由此得来。越南语的"松·洪"发音，用汉字表示出来为"川红"，即，"松"为"川"字；"洪"为"红"字，顾名思义是红色的河流。红河的名字是因为这条河的河床为红土，根据时间和观看的角度，因太阳光线的照射情况，有时这条河看上去显得通红。本人曾多次目睹这一景观，有时河水红得难以令人置信。

说这里已形成沙洲，可城市中湖泊却星罗棋布。有时走在繁华的大街上，会突然有一个湖泊出现在道路的正面。这种湖泊不是一个、两个，到处都是。只要在城市中走一走，就会看到很多的湖泊。看一下河内的地图就会发现，这座城市的构成非常清楚（图1）。北侧的西湖、竹帛湖等都曾是红河的组成部分。上下游淤堵后，便形成了湖泊。湖泊主要集中在城区的西部。这些湖泊的分布，由城区北部的西湖，一直延至城区的西南，穿过城南，直奔红河。这说明从北部的西湖开始，朝着西南方向，曾有河流流经这里，可能这座城市最初是在这条河流与红河之间的沙洲上开始兴建起来的。

在这无数的湖泊中，属还剑湖最美，特别值得一提。该湖位于河内市中心地区，道路环绕于湖的四周，临湖是高大树木生息的公园，也是市民生活休闲的空间。清晨公园中有很多人，我吃惊地发

图1 河内市区图

现甚至有几个男人在拉网捕捞湖中的鱼(照片1)。这个湖的周围分布着政府部门的主要建筑物。湖心有座小岛,岛上建有一座寺院,据说是为祭祀15世纪攻破明军的黎利王而兴建的玉山祠,河内人至今仍将民族英雄黎利王崇拜为神。因此,玉山祠在河内的市民心目中是一个神圣的地方,称它为"河内的心脏"。

这座城市的发展过程,可以通过道路模式得到很好的解释。看来,还剑湖北部城区是属于自然形成的,道路无序,而且,街区规模小,且人口密集,建筑高度几乎都是三层楼房。空中轮廓整齐划一,理想的建筑高度与不太宽的车道宽度比例,同两旁人行道上的林荫树营造出了一个舒适的空间氛围。路的两旁排列着正面宽度窄,进深大的商店住宅建筑,颇像日本京都的商铺房。

几乎所有临街的一层建筑都是商业铺面,而商店后边的房屋才是私人居住房间,而且,到处都有院内小庭园式的中庭,完全和京都的前店后宅一样,很值得深思(照片2)。

照片1　还剑湖上捕鱼的市民

照片2　河内的竹屋街

道路两侧的建筑物基本都是相同的样式，屋顶为深屋檐，大坡度，这是在东南亚国家常见的一种形式。另外，在法国统治印度支那时期开发的南部城区，规整的棋盘式道路，城区规模也大，一看便知，属于欧洲式的城市空间。路旁栽种林荫树，宽阔的人行道，不免令人联想到法国的林荫大道。到处可见法式建筑，最具代表性的法式建筑是，位于东西走向张方道（音译）大街正面的歌剧院。歌剧院前面有一个很大的广场，道路从广场开始呈放射状向外伸展，这一点与巴黎相同，表现出巴洛克式的城市空间（照片3）。

　歌剧院的建筑本身，可以说是完全模仿查理·卡尔尼埃设计的巴黎歌剧院，大厅内部的装饰，乃至空间构成都如出一辙。惟一的不同点是建筑物外部所用的材质，原作巴黎歌剧院采用的是豪华的石材结构，而河内歌剧院的外墙是用浅绿色水泥拉毛饰面。法国人在这里曾经居住过的别墅也使用的是这种绿色。这些别墅主要集中

照片3　河内歌剧院全景

在北部旧城区西边西湖的南侧。

法式别墅沿周围道路而建,走在这些道路上,完全失去了身在越南的感觉,陷入了漫步在欧洲住宅大街的错觉(照片4)。从这里向南部城区走去,会发现有一个圆形平面设计、表面呈古典式建筑立面的建筑。最初不知是什么建筑,经询问当时在河内的建筑师之后,方知是水塔,是一个单纯储存水的建筑物,表面施以如此精美的设计,充分体现出了浓郁的法国味(照片5)。南北城区把还剑湖夹在中间,湖的东西两侧是政府部门的主要建筑。

通过建筑纵观河内的历史,更加耐人寻味。还剑湖北侧,以东川市场为中心,密集了越南原有的建筑群。南侧全是法式建筑物。市内到处都有佛教寺院和孔子庙等中国式建筑(照片6)。仅就这一点,就足以让人认识到河内的历史变迁。这还不够,河内在第二次世界大战以后,加入社会主义阵营40多年,因此,到处都有引人注目的社会主义的建筑。河内展现给人们的是各种各样的面孔,还有更特殊的是越南战争留下的创伤,尤其是架在红河上的铁桥,以它特有的形态令参观者震惊。

在越南战争中,这座桥曾多次遭到毁灭性的轰炸,据说当时,北越部队的特工队会立即采取应急措施,使这座桥在第二天又能畅行无阻。对于北越部队的顽强精神,就连美军也不得不佩服。反复的应急处理,使这座桥成了今天的独特模样,河内人将它引以为自豪。

照片4 法式别墅街景

照片5 法国统治时期建造的供水塔

星罗棋布的湖泊，越南式、中国式、法国式的建筑同在，而且，街道绿荫覆盖，完全可以说它是世界上为数不多的美丽城市之一，这也应归功于北越原来是社会主义国家的缘故。二次世界大战以后，与资本主义国家相比，社会主义国家的经济活动处于停滞状态，城市没有出现乱开发现象。说得不好听一点，可以说经济活动的停滞对保存历史城市起了重要作用。欧洲也是一样，同西欧资本主义国家比较，原属社会主义国家的布拉格、布达佩斯等城市保存状态极好。

　　然而，今天的河内正面临着乱开发的危机。在越南为引进市场经济，提出经济改革等革新政策以后，着眼于越南的未来，开始让海外投资者进出这块土地。本人到越南去，是因为有新加坡的投资者要求我以一个建筑师的身份给提点建议开始的。最初到越南是1993年，当时的越南与美国尚无外交关系，也没有海外观光旅游客人。街面没有任何装饰，还保持着原始的街景，随处可见越南战争

照片6　中国式的主柱寺院

的伤痕。虽不富裕，但是一座充满生机的城市。

交通工具主要是摩托车和自行车，这两种车占满道路的景象实在令人惊讶。没有信号灯，完全靠手势指挥。大家遵照交警的手势一齐迅速启动，做得非常出色，表现出了勤劳越南人的民族本色。

我们最初商谈的内容是关于河内监狱废址的利用。新加坡的开发商们希望在这里建高层饭店和摩天商务楼。地点选在面临张方道大街，估计在河内也将会成为城市中心的地方。河内监狱废址的利用规划也是河内第一个吸引外资的投资计划。为此，河内人民委员会的代表、越南建筑师协会会长及其下属会员单位的河内建筑大学校长等都参加了商谈会议。当时河内人都非常向往高层建筑。革新政策以后，从事河内城市规划的人先后考察了东南亚的现代化城市新加坡、吉隆坡、曼谷等城市。

从古色苍然的河内来到这些现代城市的人们，眼睛里肯定对高耸的高楼大厦看得眼花缭乱。只有高层建筑才是城市发展的象征，河内也有必要奋起直追。有这种想法很自然，也是可以理解的。

没有高层建筑肯定会大伤河内的城市自尊形象。这种心情虽然可以理解，但我们主张，起码不应该在旧城区建高层建筑。具体而言，我们的意见是河内还要保留现有优美的街景，在还剑湖及其周边，在可视的范围之内不应该建设高层建筑。不过，河内方面却认为还剑湖周边是河内的象征，那里必须有高层建筑。我们不厌其烦地给予了解释,新加坡、吉隆坡已经破坏了多少遗产,河内应该以此为戒,探索具有自己特色的开发,只憧憬高层建筑是一种误区。你们不是拥有很多亚洲其他国家现已失去的文化遗产吗,这是任何东西都无法取代的。后来,越南政府基本同意按照我们提出的方向开始运作了。

继此项工程之后,我们承接了西湖对面的商务公寓楼(在东南亚地区,一般按照饭店管理模式的公寓)的设计工作。西湖南侧曾是一个工业区,工厂排放的污水废液污染了西湖的湖水;另外,新的机场路建好以后,西湖南侧的瑞奎路将会成为通往市内的主干道。基于上述理由,政府决定搬迁那里的工厂。在这些工厂的旧址当中,基本是在中心的位置上,也就是在面对西湖的铁工厂旧址上,规划建设面向外国人的商务公寓。并决定在西湖南侧宽阔的工业区,建设与湖泊自然环境相和谐的住宅区。由于我们实施的规划将是首期规划,因此被要求作为将来的示范区。为此,河内市政府专门成立了由城市规划局、建筑师协会、河内建筑大学等单位组成的西湖南侧住宅区研究委员会。

于是,在规划研究中,从西湖一侧观看到的景观成了最大的议题。过去,该湖周围几乎全是人字屋顶的二层建筑,就此问题,我们与河内市政府的研究会小组进行了多次反复的讨论。

最后达成一致意见的内容是,距湖边30m只能建二层建筑,由此处往外,可按30°的角度慢慢提高建筑高度。并约定建筑物都采用人字屋顶（照片7）。当进入具体的设计阶段，发现该规划工作并非易事。提供的建筑用地形状为纵深大于宽度，也就是常说的进深大的房屋形状。最终选定了以下方案，靠近瑞奎路大街一侧建造最高八层的建筑，包括门厅、管理办公室、机房、餐厅等公用设施在内。两栋建筑均从瑞奎路侧向西湖方向伸出，越靠近西湖建筑的高度越低。把三栋独立的建筑围拢起来的空间，作为面向西湖的中庭。向湖边一侧扩展下去的两栋建筑，分别作为一个独立单元一点儿一点儿地偏离中庭。利用两栋建筑错开的间距，正好可以通过中庭看见西湖。结果，共建了200个独立单元，尽管面对西湖的建筑正面宽度有限，但从所有单元建筑都能看到美丽的西湖。为此，走廊全部设在外侧（图2）。

最为头疼的事情是建造成本，折合每一坪（3.3m²）的造价不到15万日元。其中要有10万日元用于购置进口空调设备及电器产品，实际建筑费用仅剩5万日元。所以，我们只好尽可能采用当地

照片7　越靠近湖边，建筑高度越低

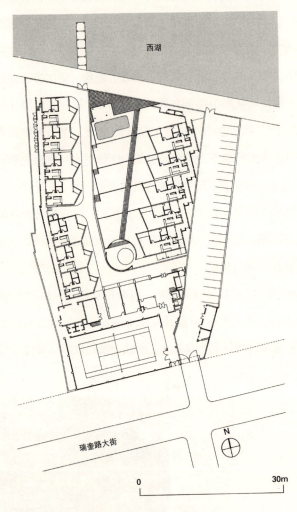

图2 西湖·韦斯特莱克·共同管理公寓区平面图

的施工方法，建筑材料也全部采用当地可以买到的材料。我们注意到当地生产有大量的红砖，由于是手工烧制，所以烧制方法上，存在着质量不均匀的问题，但砖倒很漂亮。然而，在市区里几乎见不到这种红砖。非常奇怪的事情是，向当地的建筑施工单位一打听才知道，红砖没有耐水性，所以在红砖的表面上用砂浆做了喷涂处理。难道如此漂亮的红砖就不能作外装饰来使用吗？我们就此问题研究了多次，最终研究的结果是把墙做成双层。内侧墙按原来的方法抹砂浆，使之具有防水性能，中间保持一个空气层，同时，在内墙的外部再砌筑一层红砖墙。这样，就可以将红砖直接用作外墙面的装饰。而且，由于中间有空气层，起到了有效的保温作用（图3）。面对外部走廊的部分使用了多孔预制混凝土板。对越南有预制件感到意外的人不少。实际上，在社会主义国家里，大量使用预制件的地方很多。在社会主义国家的建设工程中，像集合住宅这样的建筑物，重复建设的情况很多，采用预制装配系统非常有效，所以他们积极地采用了这种方法。当乘坐一个半小时的汽车到河内郊外的一座工厂参观时，我们惊呆了，看到的是一个规模大、现代化设备齐全的工厂，这是前苏联提供给越南的无偿贷款替代品。我们在河内经常可以见到垒砌多孔混凝土砌块的外饰面，面积越大，这种砌块饰面就越在设计上具有魅力，而且，由于从外面看不见里边，所以还可以保护内部的隐私，同时还能充分地得到自然通风，这是一种极好的材料。

最初我们建议用多孔混凝土砌块作走廊一侧的外墙,但当地施工公司建议把混凝土砌块改成了预制混凝土板(照片8,图4)。

设计完成之后,进入施工阶段时,我们又被委托做工程监理工作。可是,工程承包方的技术水平比与我们当初想像的相差得太远,施工难度极大。好在他们的勤奋好学拯救了工程。仅以垒砖墙的方法为例,工人们根本就没有想到会把砖当作外部装饰材料使用,所以垒砌时马马虎虎,毫不认真。因为是定期监理工作,有一次,我们到达现场时,见他们已经垒砌完了一面墙。我们马上命令他们拆掉,工人们不理解为什么一定要拆掉,他们情绪激昂,愤怒喊叫。在现场,我们认真地阐明了理由,并亲自给他们做垒墙示范,于是工人们终于理解了我们的意思。无论是谁来看都会一目了然,整齐垒砌出的墙,最好看。这就是勤劳的越南人,正如所说的竭尽全力一样,他们在努力地劳动着(照片9)。

毫不夸张地说,几乎所有的工作都是手工劳动。钢筋的切割和绑扎钢筋都靠人力,浇灌混凝土就像玩水桶接力赛一般。工人在现场的劳动状况,在日本根本无法想像(照片10)。

编制合同书时一定要逐字逐句推敲,这是在海外从事监理工作的体会,当然任何时候也都是一样。值得庆幸的是,我有机会在丹下健三事务所承接过海外工程项目,熟知最后应该控制的地方,没有被卷入纠纷当中。如果因为合同中的一句话错误,有可能就会被卷进不可预想的大事件之中,而且必须承担重大责任,

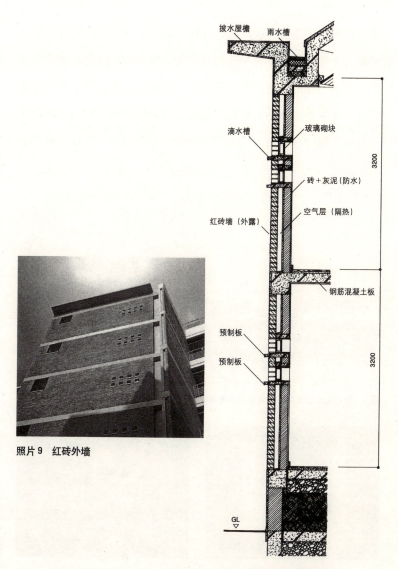

照片9 红砖外墙

图3 矩形图（双层外墙）

所以谨慎至关重要。这里的建筑设计监理合同与日本的合同差异甚多。首先不像日本那样,由建筑师包揽一切。当然,建筑师有主持全部工作的义务。在这里,多为结构、设备、电器等工程师直接与业主签订合同,这些工程师对各自的合同领域负全责。这与日本工程师在合同上只是建筑师的分包人相比,责任分担更加明确。

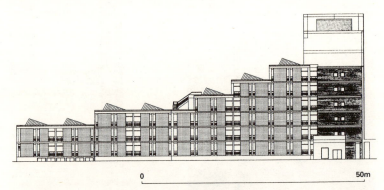

图4 规划方案立面图(外走廊用多孔水泥预制板作饰面)

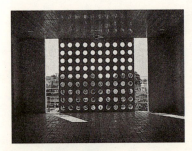

照片8 预制多孔砌块

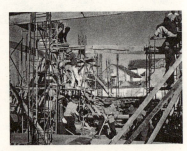

照片10 用水桶浇筑混凝土

预算要有更加严格的管理系统。这里有个叫QS工程师,他负责全权处理有关现场费用的一切事情。所谓QS就是数量检察员,直译过来,就是最后数量检查员。实际是受业主委托,施行一切有关建设费用的管理,因此,责任重大,故报酬也高。依据时间和场合,甚至比建筑师的报酬还要高。他们在建设现场,即使对方是建筑师也丝毫不会留情面。与他们合作,有时需要有耐心的协商和不懈的努力。如果能和这些QS工程师打成平手,那可真是人才。要想在过去以大英帝国为宗主国的国家里工作,就必须和他们打交道。

我们在河内的商务公寓工程可以说是国际性的工程,说得难听一点,就是拼凑集团的工程。结构部分由越南工程师负责,他们有留学德国的经验(这里的德国指的是原东德。像原北越这样的国家,属于社会主义阵营国家的人要出国留学,首先是不可能到西方资本主义阵营的国家留学。主要是到苏联、中国、东德等大国,以及波兰、捷克斯洛伐克、匈牙利、罗马尼亚等国家,有时也派往北朝鲜和古巴去留学。在我们完全不知晓的地方,世界被分成两个大阵营,分别在独自的系统中活动。顺便提一句,在社会主义阵营国家中,学习俄语成为一种义务,可以说俄语在社会主义阵营中是一种公用语,东西的对立,也是语言的对立,即英语和俄语的对立),会说德语和俄语,英语则一窍不通。与他们讨论工作时,需有一位会说德语的英国朋友在场。当然,当时还没有计算机,他们是靠计算尺工作。经常看到他认真地拉着计算尺,决定柱和梁的数量。负责设备、电器的是一位新加坡女工程师,QS是澳大利亚人。

而且还有一个负责整个工程的建设工程管理小组。这个小组就是一个混合队的典型。队长是澳大利亚人,现场负责人是新加坡人,工作人员有印度人、马来西亚人。

最令人大伤脑筋的事情是吃饭问题。南印度的羌多拉先生是素食主义者,根本不吃鱼和肉,北印度出身的果先生是印度教教徒,禁食牛肉,马来西亚人阿布杜勒先生是虔诚的伊斯兰教教徒,禁吃猪肉。外请做饭的阿姨每天晚上给我们送饭到现场,要找出自己的饭盒,简直成了一大难事。

羌多拉先生在这些人当中很出色,交给他图纸,只要认真地说明要求,他都能按要求完成工作。与日本的一揽子承包工程相比较,这里难就难在分别发包上。分别发包也不像日本所想像的那样,这里要彻底地把项目分开,按项目直接发包。例如,把窗户、玻璃、嵌缝密封分别发包倒也无所谓。但在这当中的工作调整实在难以想像。

其实细想起来,这与日本的大型综合承包建筑公司没有什么两样。大型综合承包建筑公司也并不意味由自己直接从事工作,而且要全部转包出去。不同之处在于,管理人员是在委托人之中,还是在这之外;再有就是设计监理者负责的施工进度管理也要同步进行。这种分别发包的做法,可以说完全公开了造价的流向,对业主来说当然有利。因为这样做,所有的项目都可以实现最低价格成交。像日本那样,各个项目实际以多少价格成交全然不知的情况相比,可以说这里做的更加公正,更加光明正大。

4
杜布罗夫尼克（克罗地亚）
由斜坡、城墙和大海守护的城市

　　杜布罗夫尼克城的外形基本为正方形，南半部分伸向亚得里亚海，北半部分坐落在陆地的斜坡上。南北两部分中间有一条东西走向的大街，也可以说是该城市的主干道，城市周围环绕着坚固的城墙。靠海一侧的城区，道路略显无规无矩，但靠斜坡一侧，则规划得整整齐齐（图1）。这座城市的种种特征述说着它走过的全部历史。该城始建于公元七世纪前后。原居住在罗马殖民城市埃皮达乌尔斯的居民为躲避斯拉夫人的入侵，在浮出海面的石灰岩岛（即现在的杜布罗夫尼克城的南侧）上开始了建设。后来斯拉夫人开始居住在隔海相望的对岸。罗马人的子孙后代与斯拉夫人隔海对峙的构图，就这样创造出了这座城市的架构。经过历史的变迁，后来和睦政策取代了对立。

　　两座城市中间的海峡，后来变成了水路。但到了11世纪，由于开始了排水和填海造地工程,这里就变成了连接东西的大街(名叫"普拉卡")。实际上,如果踏上这个空间,与其说是大街,还不如说是一个细长的广场更确切。每到傍晚,市民就开始在这里云集,很快广场就变成了人的海洋。北侧、南侧城区都分别向下,朝着普拉卡倾斜。于是,雨水就会以磅礴之势汇集到普拉卡,为此,在普拉卡的中央设置了一条大理石的大排水沟。从西门一进普拉卡,马上在右手一侧就有一个设计精美的泉水纪念碑。这座纪念碑,也可以说是填埋过去的水路之后,建设普拉卡的纪念碑(照片1)。普拉卡长300多米,东侧正面矗立一座钟塔(照片2),南侧城区道路的状况,不仅不规整,而且出人预料地,有上上下下的坡坎。城

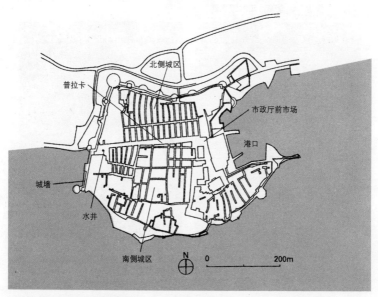

图1 杜布罗夫尼克城市区图

照片1 普拉卡纪念碑,泉水纪念碑

照片2 普拉卡东侧正面的钟塔

照片3 南城区有拱门的住宅区

区里，道路左右蜿蜒曲折，坡道与台阶不断。到处有拱门高悬，拱门上边就是住居，所以，明亮与阴暗的反差使这里的空间更有动态魅力（照片3）。与之相比，北侧城区的区域规划比例相当规整。这是因为17世纪后半叶，该城经历了一次大地震所致。由于南侧城区建在了坚固的岩石上，免遭一劫。而北侧城区却受到了毁灭性的破坏。借此机会，北侧进行了齐整的城市规划，变成了现在的模样，而且，由于这一带向北陡峭倾斜，与北侧平行走向的道路就变成了形成台阶的断面，道路窄小，两侧建筑物之间的空间，阳光几乎照射不进去，致使旅游者感到畏惧（照片4）。

两侧建筑物的进口大门正对楼梯平台部分（照片5）。通道空间狭窄，很难看得出建筑物的整体建筑立面。各家各户都在挖空心思地开展着门面的创意竞赛（照片6），这一点，特别像也门的沙漠中摩天楼城市希巴姆，也门的希巴姆也是在门的创意上极尽奢华。不同的地方是，希巴姆城的小巷空间平坦，杜布罗夫尼克城的小巷蜿蜒且台阶不断（图2）。楼梯平台部分变成了户外餐厅和咖啡屋等

照片4 北侧狭窄斜坡上的小巷

照片5 出入口用的台阶向外伸探的胡同

照片6 设计精巧的住宅大门

用途，游客可以在那里边品酒和就餐，还可以边欣赏品味这个空间。向上部仰望，仿佛蓝天被切成了一条直线。住宅窗外有花草装饰，很像西班牙的科尔瓦多。洗过的衣物密密地悬挂在上空，又有点像意大利的那不勒斯，这一点，表现着人们的日常生活。另外，能够如此完整地保存至今，能够把悠久的历史延续到现在的优美城市，依然是人们生活的空间。实在是令人在惊叹之余，思绪万端。

南侧城区的道路宛如迷宫一般，它告诉人们，这个地区是经历过漫长的时间，才成熟起来的空间。在倾斜的道路与弯弯曲曲的石阶小道上，处处都可以看到有拱门的建筑，展示出了令人惊叹的丰富的空间。北侧是规划相当好的城区，对于我们这些建筑师来说，是非常熟悉的空间。南侧城区就像意大利中世纪的街道一样，看不出它的整体性。这样的城区还要经历很长时间，一点一点地去进行改造。所谓改造投入与获取整体性的想法并没有关系，只是在力所能及的范围内，进行扩建、改造或修整。因此，走进这样的城区就可以感觉到心情愉快和拥有安全感，使身体与精神回到初始的饱满状态。

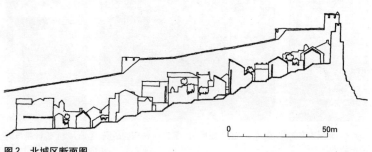

图 2　北城区断面图

与这些城市住宅区相比，把住宅区分成东西两个部分的普拉卡，则是拥有强势结构的城市空间，15m宽，300m长的这条大街形成了井然有序的杜布罗夫尼克城的主干道。如果从两侧住宅区的狭窄的通道，走进到普拉卡，对于规模比例的差异之大，会感到大吃一惊。在东京，15m宽的道路也不会感到有如此的宽。但是，在杜布罗夫尼克城，由于住宅区的道路过于狭窄，所以看起来，好像是一条特宽的大马路。与其说是一条大马路，也许还不如说是一条300m×15m的长方形广场，更为确切。

在住宅区里几乎不可能理解的建筑立面，在这里第一次意识到了。道路两侧的建筑物基本都是四层，建筑开口的位置、高度都整齐划一，给普拉卡提供了富有节奏感的城市外观表象。尤其是北侧城区的建筑立面，由于遭到过地震的破坏，或许是因为重新规划过的原因，建筑物的高度及外墙的设计，基本都是一样的（照片7）。

无论是建筑的设计水平，还是建筑材料的质量都说不上是高级的。街道的宽度和道旁建筑的高度，基本构成了正方形的断面，东西走向约300m左右，正面有一座钟塔的构思不错。面对这条大街的拱形入口设计新颖，造型美观。拱门下部，只是将有门扇的部分面向大街敞开，其他部分的墙壁从地面开始，大约高出有七十公分，不知是为了便于了解开口的位置，还是为了别的什么原因，总之，这种做法创造出了一种独特的造型。高出的墙体利用墙的厚度，做成了一个石材展示平台，可以摆放一些花和商品等，作为室外展示空间使用（照片8）。两侧建筑立面使用粗糙石材垒砌的墙面,远不如大理石铺的路面尽显华丽,两侧的建筑墙面让人感到都是常见的材料,反之,这条铺面道路却大放光彩(照片9)。

在这里首先映入眼帘的是石材铺贴方法。道路的两侧有用大理石铺的排水沟,排水沟外侧的石材铺贴,与建筑物成直角正交。相反,两条排水沟之间的中间路面石材,采用对角线形式铺设。

这种独特的铺面道路模式设计,大概就是要明确地分开中间为车道(马车道),两边为步行道。普拉卡在钟塔处向右转呈L形,普拉卡的尽头是杜布罗夫尼克最大的天主教堂,再往前走转过钟塔处的L形拐弯,右侧就是广场,广场的周边是市政府等市里的中心设施。

这座城市的最大特点是四周有城墙环绕。像峭壁一样耸立的城墙,毫无疑问是为防卫而建造的。作为单一防护用的城墙也设计得如此壮观,足以让人想像得出杜布罗夫尼克城在亚得里亚海地区曾是最繁荣的城市之一。南侧的城区本来就是建在岩石岛上,城墙是随着自然地形而建,所以成为蜿蜒曲折的状态,周围的墙体很厚,

照片7 普拉卡大街两侧的建筑

照片8 利用墙厚作为展示空间的特殊出入口

照片9 市内纵横交错的大理石铺面道路

顶部为步行道。蜿蜒曲折的城市城墙,不由得使人联想到中国的万里长城和日本冲绳的中城。

只要倒过中国万里长城的人,谁都会想到为保卫国家不受外敌侵略,把长城建在山岳地带地形最为险要的地方,人身几乎是匍匐才能勉强上下的陡峭山坡。尽管杜布罗夫尼克城的陡峭达不到长城这种程度,但是,面向大海急剧向下倾斜的西侧城墙,到处都设有台阶,目的是为了降低陡峭坡度差(照片10)。北侧连续的城墙由于过高,如果光靠城墙,恐怕结构强度不够,所以,用适当的间隔,给城墙增设了扶垛,起到支撑加固城墙的作用(照片11)。城墙的扶垛顶部就像个广场一样,可供游客作为休息用的场所。

在城墙上,从北侧斜面高的地方往下走时,步行道为台阶状,在造型上与广场巧妙地组合起来,完全像看到建筑物一样。从这里可以一览市区,由北侧城区到普拉卡,都比较井然有序地按照同一方向排列着。越往南走,屋顶的朝向就越显得杂乱,到处可见散落着的天主教堂、市政厅、宾馆饭店等大型建筑,创造出了城市的氛围。由于屋顶全部使用相同的瓦,所以,从空中看到的屋顶景色非常美丽。城区的东侧是个豁口,现在是港口,那里有一座三个拱门相连的拱门墙,它是过去造船厂的遗址(照片12)。从这座城市最大的教堂和市政厅可以直接通向港口。

要去杜布罗夫尼克城就要从通向内陆的机场过去。朝着亚得里亚海方向走下去,即可到海岸线,险峻陡峭的海岸线连绵不断,所以,通向杜布罗夫尼克城的道路必须在高出海面很多的地方穿过。

照片10　面向大海倾斜的西侧城墙

照片11　连绵的北侧城墙

照片12 港口前残留的三拱门墙

道路从东侧接近杜布罗夫尼克城,当见到左手斜坡上的饭店和别墅,杜布罗夫尼克城即刻出现在眼前。由于从高处往下看,所以全城面貌尽收眼底,可以看见正面城墙扶垛之间的三座拱门墙,拱门墙背后的大教堂、市政厅和普拉卡以及钟塔,而且,南北两侧向上倾斜的状况也一览无遗,再从稍远一点的后方到左手方向,可见亚得里亚海的广阔蔚蓝景色。杜布罗夫尼克城,不愧是亚德里亚海的一颗璀璨明珠。

第四章 地——描绘在大地上的城市

1
昌迪加尔（印度）
描绘在大地上的超级城市

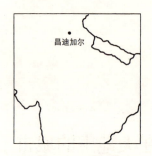

要从无到有地创造出一个城市，而且是在一块平坦的，没有任何脉络的土地上。本人在1980年到1984年期间，参与了西非巨人尼日利亚新首都阿布贾的设计。这是一项要在热带草原的大地上，创造出一个拥有300万人口的庞大城市计划。无论是建筑还是城市都一样，在设计上都要有各种附加条件，例如住宅设计，主妇的意见就很重要；另外还要考虑到传统、风土人情，以及建设用地的各种物理条件、工程费用预算、法律法规、当地能够获取的技术力量，保证建设用的器材、材料等等，不胜枚举。

所有的这些条件就像求解一个复杂的多元方程式一样。用这些条件决定出大致的构架。这样的作业有时甚至要占去设计过程的一半以上，然后才正式开始设计。但是，在阿布贾的设计中，这些制约条件不多，到处都是宽阔平坦的热带草原大地。惟一棘手的问题是宽500m，高300m的一座岩石山。人们往往会误认为，如果没有制约条件，设计就可以自由随意了，其实不然，凡有设计经验的人都知道，没有线索，规划设计很难进展。

20世纪创造的巴西首都巴西利亚和印度的昌迪加尔，肯定都遇到过同样的烦恼。勒·柯布西耶是一个善于巧妙利用制约条件的建筑师，他的得意之处是，把制约条件作为方案设计的要点。他在完成昌迪加尔城市规划时，肯定在这块辽阔的大地上，同样遇到过烦恼。

最难莫过于城区标准确定为多大尺寸为宜。昌迪加尔的建设用地在旁遮普邦，没有特别大的制约条件，勒·柯布西耶以他独创的设计基本模数，确定城区的标准尺寸。勒·柯布西耶的设计基本模数中，有大尺寸的绿色系列和小尺寸的红色系列，昌迪加尔采用的是绿色系列。在丹下健三事务所工作时期，设计基本模数经常在设计中使用。丹下设计基本模数是以日本塌塌米草席的尺寸，1820与900作为基准。对该数值使用菲博纳齐数列的黄金比1.618或0.618去组合系列，这是不可思议的便于使用的尺寸（图1）。

基准系列	二倍系列
165	330
265	530
430	860
695	1,390
1,125	2,250
1,820	3,640
2,945	5,890

（单位：mm）

图1　丹下健三的设计基本模数

比如，住宅系统的层高为2945、事务所层高为3640。勒·柯布西耶从他的设计基本模数的绿色系列中选出了449、727、1177这样的数，加上道路宽度决定以800m、1200m作为城区的区域划分尺寸。勒·柯布西耶在决定该数值时，肯定是费了一番脑筋的。据吉阪隆正先生讲，他陪同勒·柯布西耶参观日本京都时，当勒·柯布西耶听说京都的街区划分基本相当于800比1200时，露出了高兴的笑容。

在决定昌迪加尔总体规划时，不知出于什么原因，勒·柯布西耶选择了从东北向西南走向的轴线。是否因为太阳的方位关系呢，其含义不得其解。在东北—西南方向上，以每1200m作一个横向分割；然后，在与其成直角交叉的西北—东南方向上，以每800m作一个纵向分割，从而划分出城区。这些道路要分等级，V1为连接国家和省际级的主要干线道路；V2是市内的干线道路，从西北到东南笔直地横穿过市内的中央和西南；V3为市内的主要街道，行驶高速车。另外，在城街区内还有横向通行的V4道路，该道路的两旁有商店街、电影馆、剧场、图书馆等。而且，在街区内还有可以通到各住宅住户的V5、V6道路（图2）。

在图2中的1200m×800m的街区，横轴方向为商务办公、商业街，纵轴方向为绿地、公园区，呈直线穿越市中心，进而贯穿城区，形成整个城市的网络。在绿地区域中，每个街区设一座学校。以街区为单位，功能自立。本人到这里实地考察是1979年，令我吃惊的是，除卡皮托利街区之外，其他街区几乎所有的建筑都以勒·柯布西耶的设计为基础，忠实地创造着这座城市。城市中到处有很多建筑物正在建设之中。奇怪的是，在城市的各个角落里，建筑物的圆柱和薄板的多米诺风格如雨后春笋般不断地出现。勒·柯布西耶在完成卡皮托利街区的设计以后，在昌迪加尔市受到勒·柯布西耶熏陶的建筑师和工程师们，直接留在了城市规划局工作，他们忠实地继承了勒·柯布西耶的意志。其中身居领导身份的是夏马尔先生（勒·柯布西耶作品集第八卷八十一页有此人的照片），此人曾作为特派员常驻过尼日利亚新首都开发厅。与丹下健三事务所的工作人员常有接触。据他讲，勒·柯布西耶很重视水系的利用。确实如此，从昌迪加尔的总体规划图来看，把卡皮托利街区放在上

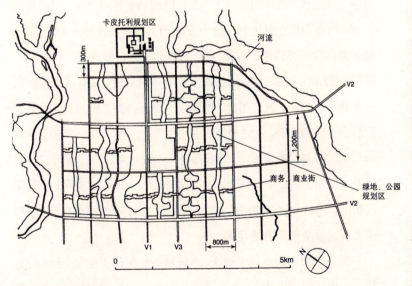

图2　昌迪加尔的总体规划

边,左右两边有河水流过,沿着流经街区的河流,两岸铺造绿地,部分纵向的V3道路也优先让路给河流,因而有的地方造成了道路弯曲。附带说一句,有人提议在卡皮托利街区和其他街区之间加一条人工水渠。卡皮托利街区是一块1200m×800m的区域划分段,利用水渠有意识地与其他街区分开。与其说卡皮托利是在昌迪加尔市,还不如说这里集中了旁遮普邦政府的中枢职能。

建筑师在作城市规划时,应该说,最终的目标就是每栋单个建筑的设计。

在丹下健三事务所工作期间,本人也曾参与过几个城市的规划设计。主要任务就是设计具有中枢功能的建筑,该建筑在整个城市当中,要能够让城市增辉,这一点在巴西利亚也不例外。不难想象出勒·柯布西耶在昌迪加尔的卡皮托利街区规划设计上大显身手,追求着自我理想的城市空间。关于城市的布置计划进行了什么样的研究,虽然不必去了解,仅就其位置的确定来说,如果认真地研究一下总体规划图,就会明白,棋盘式的规划得到了严格遵守。并在假想棋盘的最顶部,从左起第二个方块开始切掉一个正方形。为表示与城区隔开,最顶部的V3道路要与卡皮托利正方形脱开,在间隙处走水渠。为此,最顶部的街区就形成了800m×300m的不规则街区。也就是说,空隙的100m把卡皮托利与城区隔开了,换句话来说,就是所谓的缓冲带。

关于以后的最终决定情况,吉阪隆正先生作了详细介绍。问题是在卡皮托利围成的800m×800m的正方形中,用什么设施建筑配置中枢建筑群，勒·柯布西耶在实际确定这些三权（指行政、立法、司法的三种权力——译注）建筑物的配置时，完全抛开了图纸。为实际把握住尺度和距离，制作了8m的测杆，并立在建筑物的位置上进行了目测。经反复测试，最终掌握了距离感，在反复的自问自答中最后做出了决定。这种做法，与其说是理性的决定，还不如说是感觉的问题。虽然这是勒·柯布西耶最为得意的事情，但肯定也是他最棘手的作业。一旦做出决定，就把决定的内容落实在数学图形上，这就是他最为得意的地方。

吉阪隆正先生接着介绍说，在这样的工艺过程中，勒·柯布西耶想到了排列两个400m的正方形。也就是在800m正方形的东南侧，在其一边的两侧各放置一个400m的正方形，使中心轴对齐，于是，即可形成了很美的图形。借助这两个400m的正方形配置三权建筑物。到了这一步，再用正方形和黄金比，制作出精美的几何图形就很容易了。至此，如果再去看图纸，就会很容易理解了。如果仔细研究一下勒·柯布西耶的总体规划图，就会发现在四角立着类似拐角柱一样的东西，而且在法院的背后也立着两根柱子。唯有上述四根柱子才表示800m正方形的基准点，而后两根柱子则是辨认两个400m正方形位置的关键（图3）。

勒·柯布西耶的全部制图，可以说是建立在彻底的数学比例上。解读制图背后隐藏的数学会充满一种游戏感觉，建议务必一试。先将勒·柯布西耶的图纸复印放大，贴在绘图板上，然后，再准备好计算器、红圆珠笔和尺子。一旦聚精会神地凝视图纸，就会看得见正方形。借助正方形，利用黄金比，将正方形的一边乘以0.618（或1.618）的辅助线用红圆珠笔添加在图上，于是，就会发现，辅助线与图纸上的某条主线完全吻合。在勒·柯布西耶的图纸上经常会在不可思议的地方立起了柱子；或者，乍一看认为毫无意义的画线却存在于室外设施上等等。但这些划线对确定黄金分割起着重要的作用。本人曾迷恋过这种作业，试分析过几乎所有的工程。应该惊喜的是，很多图纸的分析就像解迷，都能还原成以黄金分割为基础的几何学。这就像反过来摸索设计工艺一样，可以把设计者的思考过程引用到设计工艺中去，昌迪加尔的卡皮托利区也是一样。

于是证实了两个400m正四方形的存在。下面吉阪隆正先生所做的说明有点像说谜语。

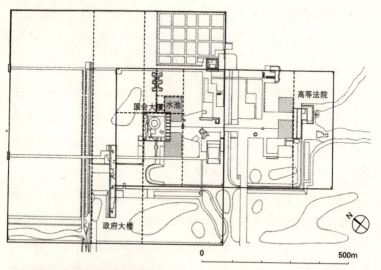

图3　昌迪加尔的卡皮托利区总平面图

在这两个400m的正四方形当中，制作五个正方形。然后，再在五个正方形中，制作八个正方形和一个大正方形。于是好像就出现了多余的空间。而且通过巧妙地利用这个多余的空间，最后确定出整体的构图。希望各位读者也以吉阪隆正先生的说明为基础，向这个画中隐画式的谜底发起挑战。

如果画出这两个400m的正四方形，就会马上发现，政府大楼的墙面与这些正方形的一个边邻接。如果再用黄金分割法把右边的正方形分开，高等法院的墙面也会与这些线邻接。国会大厦的中心线也会与400m正四方形的中心线吻合。而且，堪称一绝的是，左侧400m×400m的正四方形的对角线交点，与纵向切分该正方形的黄金分割线的距离，正好是国会大厦正四方形的一个边长。

虽然，法院的建筑立面长度与国会大厦正四方形的一个边相等，但可以看得出法院的中心线被有意识地从水平中心轴线向上稍微移动了一点。

如果用数学方法分析这些内容，一定会得出确定各种画线的因素。

除此之外，图纸上还画有各种风景线，这些画线都是解开吉阪隆正先生上述谜语般说明的钥匙。

最后决定下来的三权建筑，通过绝妙的平衡布置、道路与户外设施，以及建筑组成的总体规划，犹如一幅美丽的画卷。

勒·柯布西耶说："造型比功能主义更重要。功能仅仅是规划设计的开始。"

设计基本模数大的地方,从巨大的规模到建筑的间距,最后到建筑细部尺寸,都要通过菲博纳奇级数关联的数学性尺寸加以确定。

从卡皮托利区的总体规划图来看,除三权建筑之外,还有各种各样的增多因素,似乎是相当热闹的空间。可实际到现场一看,只有三权建筑物从地面上拔起。这三栋建筑物都是个性极强的建筑,如果说把勒·柯布西耶的构思,再扩大点说,就是把现代建筑的创作思想都装进了这个卡皮托利规划区,一点也不为过。

三权建筑中的主角是国会大厦。它位于卡皮托利规划区的中心位置,从几何学上来说,也是在400m正方形的中心线上。其形态就是将一个正方形平面直接从地面树起来的简单造型,在三栋建筑当中规模最大(照片1)。建筑平面简单而明快,成"コ"字形布置的国会委员办公室和一般事务办公室,办公室包围的内部四方形大空间中,有一个圆形大会场和三个小会场,并呈不规则布置(图4),剩下的空间为会场门厅和休息室。上部用等间距布置的垂直圆柱支撑着屋顶。但是,由于门厅空间巨大,而且周围有墙,所以,不加任何处理,将会成为一个黑暗的空间。勒·柯布西耶在这里采用了

照片1　国会大厦全景

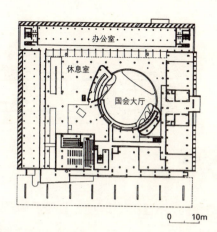

图4 国会大厦平面图　　　　　　　0　10m

引入自然光的截面设计，在コ字形的办公楼和门厅的大屋顶之间，设置了一个兼作排水槽的巨大凹字形的檐沟，使两栋建筑物分开。由于檐沟有一定的深度，将凹字型两侧的上部做成天窗，让光线从天窗进入到建筑内部。由于檐沟的两侧是天窗，所以，自然光将从天窗进入建筑物内部，一边照射在办公楼的走廊上，另一边将照射在门厅大空间里，即便是微弱的光线，也会有足够的效果。由圆柱群和圆锥形构成的大会场以及四方箱形的小会场，以一个群体的形式浮现在光线之中。印度的太阳光非常充足，所以，这种程度的光线反而感到效果更好（图5）。

下面的事情，还是在非洲时才知道的，非洲和印度的阳光照射都非常强烈，其实，在这样的地方，阴凉和黑暗显得更贵重。如果在星期日的午后时分去拜访非洲朋友家，就会发现，所有的窗户全部用厚厚的窗帘遮挡着阳光。对重视自然光的日本人来说，感到这

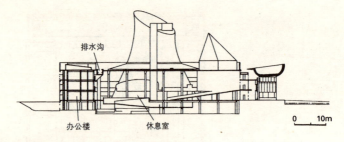

图5 国会大厦剖面图

是不可思议的，不过在习惯以后，还是感到舒适的。在外部接受了令人烦恼的紫外线照射之后，这种黑暗的空间就变得很珍贵。独特造型的会场空间，由旋转式双曲线构成，越靠近顶棚就越细，按我们的常识来说，定会担心音响效果，但真正一听，根本没有问题。

会场的顶部形态突破了屋顶，直冲上空。乍一看，感到异样的建筑形态相互协调，变成了当地最具标志性的建筑。包括小会场在内的四方形顶部形态，依然是突破屋顶，在屋顶上部做成偏心金字塔式样的屋顶。作为现代建筑的规则，有一条教条式的规则，也就是把建筑的内部功能如实地表现在建筑的外观上，国会大厦等建筑可以说是典型的范例（照片2）。

广场一侧的前面配有水池。屋檐上的怪兽装饰物，面对水池跃跃欲试的姿势，显示出了它的威严。面向西南、西北的建筑立面上，牢固地镶嵌着遮阳板。遮阳板很适合在印度大地上使用。勒·柯布西耶曾有一句名言："建筑是阳光下的美丽造型"。他的这句话在印度得到了最充分的体现（照片3）。

照片2　国会大厦正面全景

照片3　遮阳板构成的国会大厦侧面

有幸见过了不少勒·柯布西耶设计的建筑物，其中令我最喜欢的还是在印度的作品。尽管朗香、拉·脱莱特都不错，但是，觉得不知是什么地方有一种阴沉和暗淡的感觉，并与机械性的形象连在一起。这一点，无论是昌迪加尔、还是阿梅达巴达的萨拉巴依官邸、肖旦官邸，由于建筑是放在大气当中，勒·柯布西耶的得意之处是屋顶上的天篷，以及在天篷上开的圆形开口，和墙面上的遮阳板等。其效果，在印度的大自然当中，得到了充分发挥，使人看上去感到很舒服。自然光与阴影交织下的室内空间，与强烈的阳光形成了鲜明的反差，明暗效果极为漂亮。

在国会大厦中心轴线的相反一侧是高等法院。勒·柯布西耶一定是想将三权建筑中的两个建筑,即国会大厦和高等法院作为卡皮托利规划区的主要建筑。事实是最好的证明,在两个400m的正方形当中,这两座建筑是在同一轴线上(照片4)。政府大楼虽说靠近400m的正方形,可却被安排在了轴线的外边。在这里的三权建筑当中,本人最喜欢的是高等法院建筑。虽说是在同一条轴线上,高等法院与国会大厦相对而立,但两栋建筑的中心线却有意地相互错开了。高等法院由四层的平面组成,面对广场一侧的入口为重点。这里的建筑高度为两层,广场的背后一侧低一层,高度为一层。平面设计都很简洁、明快。最重要的法院放在二层,中间入口面对广场,右侧等间距、有规则地排列着八个小法庭,左侧是大法庭。国会大厦的中心轴线正好对准八个小法庭的中心位置(图6)。各小法庭都朝向西北方向,所以在建筑立面上安装了遮阳板。但这里的遮阳板设计不同于往常的等距离分割,而且,横向比例相同,纵向部件的上下正好错开1/2(照片5)。

照片4 与国会大厦(近处建筑)相对而立的高等法院(远处建筑)

这里的压轴作品是屋顶的大天篷。从短轴方向的截面来看，它呈缓坡V字形。无疑这是考虑了太阳的西晒问题。这个大天篷为劈锥曲面形。也就是说，如果是在一个跨度里，屋顶外侧的端部是用直线连接，在中央部分，柱间就呈拱状曲线。这种曲面很难理解，把平行线换在短轴方向上考虑，就容易理解了。这种曲面在平行线上是由中央拱的一点和端部直线上的一点连接成一条直线构成。也就是说，乍一看是曲面，好像是不能施工的样子。实际上这是一个直线集合体，只要在中央拱形部位微妙地一点一点地错位支护小幅模板，施工就不会有什么困难。从国会大厦的方向来看，好像屋顶上悬挂着一个拱的原因就在于此。越走近建筑物，三维曲面就越凸现出来。另外，如果再仔细观察一下厚屋檐的端部，就会发现屋檐内侧是呈倾斜圆弧状。下部的遮阳板在向上部的延伸过程中，逐步呈曲线状向广场方向弯曲。从截面图可以看出，屋檐突显出来的曲线，实际上也在同一曲线上（图7）。

法院的入口是由雕塑般的三根巨大壁柱构成，应该熟知希腊样式的勒·柯布西耶在这里不知为什么使用了偶数跨距，也就是在中央采用有柱子的结构。法院入口处，直接暴露出天篷的劈锥曲面，使空间产生出一种跳动感。柱子对面的坡道分为左右两侧上下，向上一直延伸到最上层。水平方向的移动与柱子的动态垂直线对比堪称一绝，而且每根柱子都涂有接近原色的颜色，震惊了参观者。

与国会大厦一样，广场前面也有一个水池。这是一个具有印度

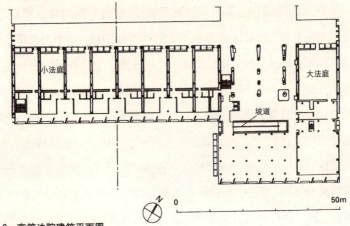

图6 高等法院建筑平面图

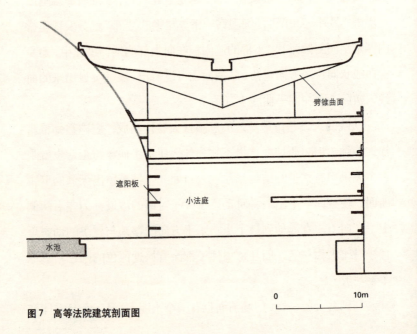

图7 高等法院建筑剖面图

传统的水池,在印度教寺院和印度土邦主馆等处常可看到。该水池不仅可用作观赏,还可吸收汽化热,可以说它有天然空调的作用。

国会大厦、高等法院的正面为面对两层建筑高度的人行专用道。政府大楼对于上述两权单位来说,最终还是处在从属地位,也就是正面面对两权建筑的一层。这里的一层建筑高度的道路与国会大厦、高等法院、将来准备建设的总督官邸的日常出入口相连,兼作服务性辅助道路使用。在这个卡皮托利区里,车道与人行道明确分开。车道的水平面比中央广场还要低一层,形成一个壕沟空间,左右两侧是绿色的斜坡,在设计上,从广场看不见这些专用车道(照片6)。

照片5　高等法院的西北侧建筑立面

照片6　通向政府大楼的道路

政府大楼是一栋横向长的建筑,长254m,高42m,全栋分成六组块。基于建筑结构上的伸缩需要,组块之间的衔接处为双层墙结构(图8),墙面全用遮阳板覆盖。为了打破毫无道理的、全长254m的单调感,中间加了一个长官办公室楼,即第四组块。其建筑立面有两层建筑的高度,并采用了与其他组块不同的无规则设计。在正面和背面两侧,同样为了打破254m长的单调感,整个建筑形象是错开一定的角度,其中也包括与建筑主体分离的薄板状坡道,都艺术性地组装在建筑主体上。

除此之外,屋顶花园设计也可以说是勒·柯布西耶的现代建筑五原则之一,能有效地在建筑物水平线上体现出恰到好处的重点,这就是设置在屋顶上的坡道、屋檐以及观光台等。马赛公寓也是一样。这些不同主题的结构单元往往容易造成杂乱,能够美丽而又和

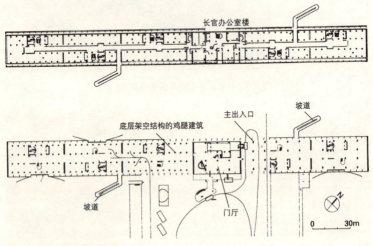

图8 政府大楼建筑平面图

谐地把这些单元安排在屋顶上，真不愧是勒·柯布西耶（照片7）。

实地参观建筑物之后，深受感动的就是这座建筑不老套。第一次从壕沟两侧斜坡之间的道路上，从正面看到建筑立面时的光景，印象之深，至今难忘，当时的激动心情难于言表。早晨的阳光把阴影投在遮阳板上，遮阳板的表面浮现出雪白的光亮。本人还是平生第一次见到利用设计基本尺度准确计算出黄金比，以254m的长度向左右延伸的立面。随着距离建筑越来越近，建筑在空中的轮廓透过汽车挡风玻璃，完全展现在眼前，一会儿就看到了遮阳板部分。长官办公室组块的地上部分，中央是电梯间，电梯间的左右两侧是拥有一定高度的底层架空结构的鸡腿建筑，像是完全独立的建筑，而且，建筑的上部打破了平坦的建筑立面，呈现不规则形态，创造出了超凡设计的建筑立面。这个建筑立面像一幅壁画一样，魅力无穷，引人入胜（照片8）。

这是一幅巨大的黄金分割壁画，是一幅长254m、高42m的壁画。若是一个普通的建筑物，无疑会建成一个极不显眼的普通建筑立面，只会给人带来一种压抑感。但是，这里是勒·柯布西耶经过精心计算设计出来的建筑，例如按数学比例设计的遮阳板、以及在其表面上创造出光和影；利用不规则的形态产生出有动感的建筑立面等；为突出重点，把楼建造成斜坡状；屋顶上的几个艺术性构思等等。卡皮托利区的三权建筑是以完全不同的手法进行了设计。由一个作家创作出如此之多的变化，并且是垂名于近代建筑史的杰作，真是一个奇迹。如果例举这些建筑的特点，把政府大楼比喻为

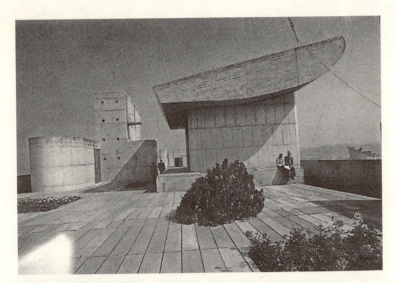

照片7　政府大楼的屋顶状况

照片8　政府大楼中央的长官办公室楼

一幅壁画，那么国会大厦就是一座雕刻作品，双曲线旋转的大厅、金字塔及烟囱式的柱子座落在建筑的屋顶上；粗犷的天篷就像动物的骨头一样，呈弯曲奇异的截面安装在正面的建筑立面上，与其说是建筑，毋宁说是一幅雕刻作品。与之相比，高等法院是最正规的建筑，几何的平面、立面；与总体城市的对应，丰富的空间结构等都是有规有矩的建筑构成要素。这些要素因地施材，用所有构成要素完成一座建筑。勒·柯布西耶在昌迪加尔的卡皮托利区一举完成了建筑、绘画和雕刻。

2 平遥(中国)
结构层次分明的城市——无止境地从外向内深入的空间

　　山西省省会——太原,位于北京西南方向大约1000km。曾为古时晋国的首都,自古以来这里就是繁华之地,致使山西拥有独具地方特色的料理,而且世界闻名。其中最负盛名的该说是刀削面,厨师在客人面前,一只手托着直到肩部的面团,另一只手持小刀轻巧地将削出的又细又长的面条直接抛入沸水锅中,技巧高超娴熟。说它是荞麦面条,其实,更像日本乌冬面。煮好的面条浇上酱或卤,吃起来又像意大利面条,味道因地而异也很近似。山西的醋是很有名的,这里的冷菜牛肉、豆腐、蔬菜等,所有的料理都要用醋调味。从太原南下100km左右,即可见到平原中的平遥古城。

　　中国称"都市"为城市,古时候,很多的都市为防御敌人入侵,都用城墙围起来,"城市"一词大概就来源于此。中国的历史也是争雄称霸的历史,换句话说,也就是战争的历史。因此,几乎不存在没有城墙防护的城市。平遥也不例外,整个城市由城墙环绕,世界上有不少这样的城墙城市。这里令人惊诧的是,入城以后看不到类似其他城市的防卫设施,建筑群对外部空间处于封闭状态。

面向大街的庭院毫无例外,所有的门都朝里开。这些住宅都有着二三重庭院,清晰地形成内部结构层次。在平遥,如果从城墙开始,最后走进自己的寝室,不知要经过多少道从外到里的结构层次,可想而知,当时防御外敌侵入是何等的激烈。

这座城市向外展示的面貌是贯穿东西南北的十字形大街和道路两旁的商店(照片1)。说是商店街,其实从商店部分进入到里面的住宅部分,处处都有关口,目的是安全防护。平遥的城墙历史悠久,西周(约3000年前)时代就已建造,到了明朝洪武帝时期(1370年~),在旧城基础上又进行了扩建。城墙呈四方形环绕四周,周长6.8km(图1),高8~10m,宽3~5m,十分坚固。每隔一段距离筑有一个瞭望楼,共有72处。站在城外观看这座城,其雄姿威严挺拔(照片2)。由于所处地理条件的原因,山西省经常受到蒙古

照片1　平遥的街景

照片2 城墙与瞭望楼

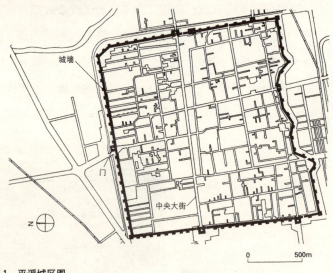

图1 平遥城区图

人的侵袭，这大概就是建造如此坚固城墙的原因所在。城墙顶部宽3～4m，如同是空中走廊一般，环绕一周。瞭望楼的构筑突出在城墙之外，目的是为了攻击入侵之敌；城墙顶部"走廊"的外侧有约一人高的垛墙，到处开有可攻敌的垛口（照片3）。然而，"走廊"的内侧却无任何设防，就连扶手之类的东西都没有，如果稍不留神都有可能滚落下去（照片4、5）。台阶可从地面一直攀上城墙顶部，随时处于反击敌人的态势。城内大街呈东西南北十字型走向，连通东西南北四个门，并直通城外。城门是砌筑于城墙外部，呈コ字形的墙壁。

从外部穿过城门即进入中庭，中庭是由城墙围成的四方形。当有外敌侵入时，可从城墙上边攻击进入中庭的敌人（照片6）。由中庭进入里边的门，就与城内的大街相连，与大街呈直角交叉的小路就像小树枝一样深入到城内的各个角落，面临大街的地方变成了商业街。清朝时，山西省已是商业活动的中心，是以被称为票号的钱钞汇兑金融业而发展起来的。面对大街一家挨一家的票号商铺，建

照片3 城墙上部用以阻击外敌入侵的垛口

照片4 没有扶手的城墙上部

照片5 从城墙上部俯瞰市内

照片6 城门里面被城墙环绕的中庭

造的十分豪华，至今保留完好，可令人遐想到旧时的风光。由大街转入深巷的小胡同两侧，是排列整齐的住宅。面向大街的商店对外门户敞开，而住宅则是向内关闭。住宅墙面面向大街矗立的模样，使人感到近乎冷酷，毫无表情，只有在紧密相连的墙壁上开出的小门，才隐约预感到内部的生活气息。

住宅的建造方式基本属于中庭型。住宅南北细长，中间有中庭，而且该中庭又分为三个小中庭，中庭之间的隔断墙中央有门，这些门也是表示连接下位、中位、上位中庭结构层次等级的标志，被设置在纵穿中央的轴线上。中庭周围左右对称配置有各种房间（图2）。从外面的大街进入到中庭的门偏离中庭的中轴线，如果从外面大街上看，门的位置在右端处。因此，即便进入了这道门，正面也是横着一面墙，还是看不见中庭（照片7）。这也是在考虑了敌人的入侵而设计的。在被分成三个中庭的隔断墙上还有第二道和第三道门。

门的结构很牢固，门两侧的两根柱子是用砖垒砌成的方柱，顶上横着一根大梁，梁上有装饰物，好像是多层重叠起来的装饰物。

照片7　防御外敌入侵的住宅门

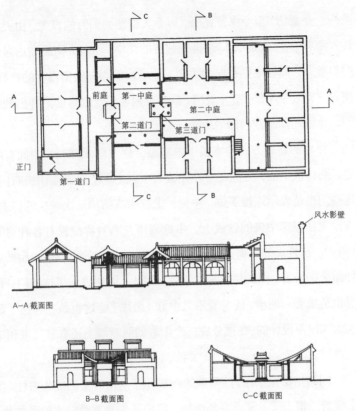

图2 平遥住宅平面图,截面图

作为门的功能其实已经足矣,可是为显威严,上面又加盖了沉重加瓦的门楼。

最前面的中庭有仓库和厕所。进入第二道门后两侧是柱廊,柱廊后面有厨房、餐厅、佣人的房间等;进入第三道门之后,方是主人的居住区。第二个中庭为T字形,最里面向两侧扩展,只有正面是两层建筑，这是主人的寝室。正面的一层是柱廊式长廊空间，二层则像阳台一样（照片8）。长廊为木结构分割，跨度较大，中国历来有用斗栱进行结构加固的做法。从阳台扶手到整个长廊，全面施以装饰，精致、细腻的设计，足以显现出奢华的程度（照片9）。

两侧是孩子和老人的寝室。长廊柱子的根部采用圆形石座，石座表面雕刻着各种各样的动物图案，柱子表面也同样有各种各样的装饰。动物表示家族人的属相，柱子的装饰为家族的纹饰，各家均不相同，极尽铺张的做法成了显示各家富有的标志。建筑物的特点在于屋顶的构成，所有的屋顶都围绕着内侧的中庭向下倾斜（照片10）。

看到这样的建筑方式，就会知道平遥这里，不仅是城市，住宅也有完善的防御措施。所有房屋都是坡屋顶，只有正面的长廊后面的主寝室屋顶是平屋顶，就像屋顶花园，可轻便上下，从这里可以望见外部的情况。登上屋顶花园，可发现在屋顶花园北侧边上，对称垂直矗立着三面墙，中间一面最大，两侧较小（照片11）。

照片8　第二中庭

照片10　环绕中庭的坡屋顶

照片9 主人住房精致木雕的外装饰

照片11 屋顶花园北侧的风水影壁

这三面墙称之为风水影壁,据说是避讳来自北方的恶魔。风水影壁林立无数,布满了整座城市,从城墙的空中走廊一望,即感新奇,又很美,正是这些影壁墙塑造了平遥城的形态特征。大街宽广开阔,路人熙来攘往,户外生活与封闭的住宅群形成了鲜明的对比,尤以南大街最为繁华、漂亮。钟楼跨立在道路的中央,钟楼的一层是门,可能也是用来抵挡侵入城里的敌人之用。钟楼共由四层构成,站在最上部的顶层上，可一览全城无遗。顶层上的大钟，每天准时向市民报告时间。同时，这座钟楼从全城的各个角落都可以看到，作为这座城市的标志，对提高市民的意识也做出了重大贡献（照片12）。

一家挨一家的商铺招牌整齐划一，房屋的高矮一样，建筑方式也像住宅那样，由中庭连到院落深处。商铺的建筑结构十分豪华考究，足以令人遐想到当初以这些人创立的兑换钱币方式，曾主宰中国经济的情形（照片13）。只有临街的前面房屋用作商行，商行后面是中庭，再往里就是分隔为三层的民宅，进口仍有牢固的大门。

山西省的夏天很热，冬天又很冷，有时会降至零下十几度。对于夏天的气候，商铺有挑出的房檐和中庭的长廊，可起到遮蔽直射阳光的作用，分隔中庭的门打开以后可以通风，同时中庭还可为住房遮挡冬天的寒风。

历史上，这座城市大概经常遭受敌人的围攻。但是，这座城市到处设有瞭望塔，城墙之厚，城门之多，令人震惊。城内挖有大量的水井，粮食可以自给的耕地等等，都为保卫平遥的市民做出了贡献。

照片12　大街中央的钟楼

照片13　显示商家富有的墙面装饰

3
阿勒颇（叙利亚）
UFO 降临过的都市

阿勒颇位于叙利亚的北部，人口在该国排名第二，是一个历史悠久的古城，赋予这座城市的特征就是无可非议的阿勒颇古城。从阿勒颇城外遥望这座城，仿佛 UFO 意外降落在这个城市一样，就像一个庞然大物浮现在这块大地上，在市区任何方位的屋顶上都能看到这个庞大的城中要塞（照片 1）。

原来这里只是一个自然的小山丘，据说这座城市的起源，是原

照片 1　好像 UFO 降落在城市中的城堡

来居住在这里的赫梯人，于公元前10世纪在这里开始建造神殿，后来有过很多种不同的民族都统治过这个地方。

12世纪欧洲十字军远征到这里，这里变成了十字军的要塞，周围筑起了2.5km的城墙。说是城墙，可它是古今东西不曾见过的截面形状，高几十米，用土夯实，呈45°的陡峭斜坡，围成一个椭圆形，工程之巨大、形态之怪异，难于比喻形容。如换成几何学的概念来说，其形态就像是椭圆锥体的顶部被随随便便地砍掉一样，这样也许就可以想像得出了。然而当实际目睹它的雄姿，大得远远超出想像，肯定会陷入异乎寻常的惊讶之中。汽车行驶在这座城市中，庞然大物会突然出现在眼前，就像见到梦想的绘画一般，不会认为这是世上之物（照片2）。

登上这三维曲面的斜坡，站在削去尖头的顶部，看到蜿蜒起伏的城墙，感觉就像是中国的万里长城。说它是城墙，又不是简单的连续的城墙。中间有凹凸，高矮不齐，远处望去，宛如密密麻麻的建筑群。其中也确有一部分就是建筑物的外墙，但除看建筑物以外，如果从外表来看，其他部分也被伪装得酷似建筑物的组成部分。每座建筑物设计样式各异，有的带有拱形，有的呈监视塔状，或像是巨大的城堡。乍看建筑物的形态，就好像是一个建筑物密集的巨大城市。敌人从下向上仰望时，一定会被密集在巨大曲面地基上的建筑群，吓得丢魂丧胆，丧失斗志。不难想象，当时十字军统治下的阿勒颇城能够成为难以攻克的要塞，称雄于天下的状况（照片3）。

后来在13世纪，来自遥远东方的蒙古人，1400年铁木尔王朝等都攻打过这座城，但都未能攻破。在此期间，城周围挖了二十几米深的壕沟。这种城市的构成方法,可以说是世界上基本通用的手法。这座城的最大特点还要说是它的惊人高度和斜坡,一看就会让人惊诧不已,感动至极(照片4)。

这座城市的重点在于很像奇特的UFO,而且独具特色的城门入口为两座门。据说该城门是伊斯兰人侵占这里之后,于16世纪建造的。门的做工精巧,历经数百年至今,面貌几乎完好无损。进入眼前的小门以后,就会踏上通往里边大门的阶梯式渡桥。伊斯兰教式的两座门分别设在横跨壕沟渡桥的两端,稍小一点的门朝外,另一个门就像是贴在斜坡上一样,大而坚固。小门四角略带点圆形,纵长匀称的外观有些单调。相比之下,大的门为两层结构,横长匀称,富丽堂皇。第一层具有台基风格,二层富丽堂皇,左右有对称的漂亮开口,建筑风格像宫殿一般,中央入口为突破二层结构的伊斯兰教式大拱门。但如果再仔细观察,就会发现这座建筑是一个多种样式的混合体。在历史长河中,这座建筑的主人频繁更迭,各时代无疑都对它作了手笔。内部空间和伸出壁面的阳台一样的构件,大概是十字军时代建造的欧式风格建筑,除此之外,还有叙利亚的传统式样和伊朗风格的建筑(照片5)。

照片2　突然出现在眼前的城堡

照片3　坐落在陡峭斜坡上的阿勒颇城

照片4　人难于攀爬的陡峭斜坡和城壕

连接两座门的渡桥是由拱顶联结而成,也就是在两座门之间有一道深沟,从沟底垒砌石材,垒起壁柱式桥墩,壁柱顶部联结成拱形。壁柱式桥墩之间的跨度略小于桥墩的直径,表现出一种不可思议的韵律,产生出一种跳动感(照片6)。

照片5　历经各朝代整修过的阿勒颇的中央门

照片6　直通中央门的连接拱桥

193

也许人们会认为,如此堂堂正正地建在正面的这座桥,不是更容易受到敌人的攻击吗？然而,实际上这座大城门早已有此方面的防备。

进入城门之后,并不能像普通城门那样简单直线通过。而且城内的道路宽度变幻莫测,弯弯曲曲非常复杂,而且路面到处高低不平,况且,城门上部各处还设有用于攻击的孔道,敌人要攻进来并非易事。门的上层有一个宽阔的大空间,可容纳几百人,上有豪华吊灯,下有漂亮的马赛克地面,墙上有木雕饰件等,在外边无法想象到里边会有如此豪华的装饰空间。进门以后,来到有城墙的都市内部,正面有一条大道延伸,路面略成上坡。道路两侧有不少遗迹古址,诸如,教堂遗址、十字军士兵宿舍遗迹等等。如果从扩展到城下的开阔街区仰望横卧在大片土地上的这些遗迹群,肯定会认为它曾经也是一座空中城市。

另外,可与这座城堡相提并论,并带有城市特点的是一条集贸市场街。城堡呈椭圆形,这条集贸市场街的起点,就在椭圆形城堡长边城墙的脚下,直通到安塔基亚大街。这条安塔基亚大街与集贸市场街的轴线相交,从而构成了阿勒颇城的框架。集贸市场街全长约一公里（图1）。

集贸市场主要街道的结构是由覆盖市场的圆顶结构和支撑圆屋顶的列柱群组成。铺石地面似乎是为了与圆形顶篷上的小马赛克形状相呼应,柱间跨度为4~5m左右。这条街里全是店铺,店铺在道路两旁一家挨着一家（照片7）。

商品摆上了道路两旁,完全是非法占地,人可通行的道路宽度也

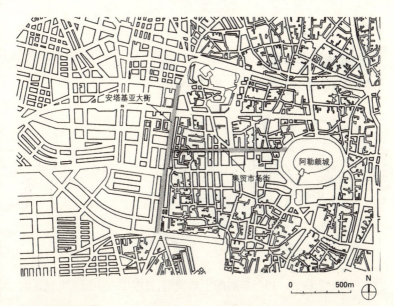

图1 阿勒颇城市图

就只有2m左右。不仅如此,在人员嘈杂、难于侧身的空间,还有毛驴和货车往来,完全是一个极度混乱的场面。但是,拥有这样一个适当规模的空间和在空间里过分熙熙攘攘的人群,产生了旺盛的活力。

阿勒颇城,由城堡和以城堡发展起来的集贸市场街、以及与集贸市场街成直角正交的阿塔基亚大街构成了城区的框架。这座城市的悠久历史,就在这集贸市场街和沿街建筑的下面,现在还沉睡着的昔日昌盛的古代阿勒颇城。

照片7 阿勒颇的集贸市场街

4
旧满洲（中国）
日本侵华时期的巴洛克式城市

满洲是1905～1945年的四十年期间，日本侵占中国东北地区时的称呼。中国的历史上不存在"满洲"这个名字，原来女真族曾经统治过这个地区，由于女真族又称满族，所以，日本人就起了"满洲"这个名字。最早跨进中国东北地区的是沙皇俄国，那是在19世纪后半叶，占领的目的是为了抗衡把持远东经济主权的大英帝国。

那时，俄国在大连搞的城市建设，已经完成基本框架。主要的建筑物、港口都已建设完毕。在日本国内当时还没有要规划建设的城市，难怪当时在陆续来访的日本人眼里，大连是一座相当发达而又漂亮的欧式城市，十分光彩照人。哈尔滨是在俄国手下早已基本成型的城市，日本人后来只是进一步参与补充建设而已。大连则是日本人在俄国搭建的框架基础上，从事了具体的城市建设。奉天新城区（沈阳）和新京（长春）等，基本是日本人从零开始建造的城市。作为同样从事城市及建筑设计的同行看来,那时在满洲担任设计的人们,心中的压力不可估量。沙皇俄国已处于没落时期,从事设计的人们肯定都希望建造出富含欧洲文化底蕴的繁华城市及建筑。由于明治维新,日本终于可以有机会接触到西方的文化,但是尚未经历半个世纪,要建设此前根本没见过的西洋式城市,这就意味着要与俄国一比高低。当时的城市及建筑设计者们肯定是决心面对现实,临阵以待。日本虽已撤离满洲60多年,但曾经建造的城市与建筑,今天仍然保持着当时的威严和美貌。日本侵略统治满洲的确是政治上的不幸,然而,今天仍能强烈地感受到那时满怀理想和激情参与城市建设的男子汉们的气魄。

奉天(沈阳)

奉天是清朝的发祥地。清朝第一代皇帝努尔哈赤于1625年定都于奉天,此前一直被称之为盛京的地方。它模仿明朝首都北京进行了城市建设。努尔哈赤建造的首都中心安置的是宫殿。宫殿周围的城区由正方形的城墙环绕,城墙外侧围绕着近乎圆弧状的护城河,形成了一个城区。圆形和正方形在中国来源于"天圆地方"一说,也就是天为圆,地为方,这是最理想的形态,最具代表性的作品是北京的天坛公园。正方形的奉天城纵横均分成三等分,共分成九块。在各块之间的分割线上修建主要干道,在穿过城墙的地方有城门。九块的中心建造宫殿,定名为故宫,其规模大小远不及北京的故宫。清朝在迁都北京之前,这里就是名副其实的清朝首都(图1)。城市规模虽小但有整齐规矩的轴线,宫殿里保持着不可欠缺的空间结构层次(照片1)。这里特别值得一提的是,也是北京故宫里没有的,这里建造了可说是展馆式建筑群,里面收藏着被称为八旗的八个清军骨干军队的队旗。正面是皇帝旗收藏馆,由此引出的轴线,两边对称排列着4栋展馆,共8栋军旗收藏馆。令人不可思议的是,进入轴线上的门以后,发现越往里走,左右两边的建筑之间的距离越小,也就是采用了西方透视图法的远近法。这种布置起到了加深印象的作用,即皇帝的权利在各军当中至高无上。

清朝第一代皇帝努尔哈赤和历代皇帝的墓也都修建在奉天郊外。因此就在清朝进京以后,这座城市仍具有重要的地位。从中国

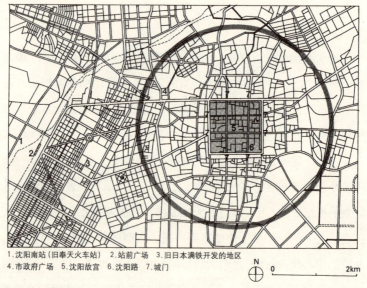

1.沈阳南站(旧奉天火车站) 2.站前广场 3.旧日本满铁开发的地区
4.市政府广场 5.沈阳故宫 6.沈阳路 7.城门

图1 沈阳城区图

的整个国土规模来看，这里距离北京尚不算远。北京在此之后，长时间作为清王朝的首都极为繁荣昌盛。然而，沈阳则经历了一段曲折的历史。20世纪初，张作霖曾执掌这里的大权，沈阳那时是奉天省的省会。日本入侵该地以后，将这座城市定名为奉天，也是根据奉天省而来的。

日本关东军对该省会开始的新城建设，是在距老城区稍远一点的西部。由于沙俄不十分重视奉天，那时只是军队进驻，对奉天没有施行新的城市建设。因此，新建城区采用了巴洛克式的城市模式，这是过去在日本未曾有过的。以奉天火车站（照片2）为基点，以从正面笔直伸展的旧千代田大街作为中心轴线，从火车站开始，旧浪速路和旧平安路以对角线形延伸。由火车站走进原来的浪速路，很快就到过去的奉天广场（现中山广场）（照片3）。广场地带还保留有当时建造的主要建筑，如旧奉天大和饭店、旧奉天警察署（照片4）和旧横滨商金银行等。现在，除原满铁医院以外，其他建筑物仍基本保留着原貌。虽说每座建筑的形态、高度、外墙的装饰各不相同，但没有不和谐的感觉。这些建筑是在圆的中心轴线上，

照片1　沈阳故宫的正面外景

照片2　旧奉天火车站全景（1910年竣工）

成几何图形整齐地遥相呼应，从而可以达到总体上的协调。

中国政府已将这些建筑群列为文化遗产，决定永久地加以保存。本人经常投宿这里的旧大和饭店，想到当初饭店建成时，肯定是一座相当现代化的饭店。不用说白色瓷砖的外观，就是门厅、电梯周边以及直通屋顶的上下贯通楼梯等等，在创意上，就是在今天也是很优秀的。遗憾的是最近把内部改造了。但是又有一个值得一看的餐厅，当听说曾经风靡一时的女演员李香兰初次登台演出就在这个大厅时，更有无限感慨。

原浪速路沿街还建有旧奉天邮务管理局（照片5）和三菱商事支店等建筑。相比之下，另外一侧的平安路则没有什么重要的建筑。究其原因，可能是因为这条浪速路与老城区相连通的缘故，沿街建设如此众多的漂亮建筑，或许有威胁当时老城区张作霖政府的意图。

奉天火车站的红砖建筑是该城区的标志，中央为大圆顶，左右两个小圆顶，形态酷似日本东京火车站。现仍可见它的堂堂雄姿。然而，就是这座火车站，从战争快要结束，到战争结束之后不久，

照片3　旧奉天大广场（现中山广场）

照片4　旧奉天警察署外观（1929年竣工）

制造了无数的悲剧。对日本人来说,这里留下了悲哀的历史。当时,被军部抛弃的日本人为了逃往大连,蜂拥而至,涌向了这个火车站,在拥挤不堪的状况之下,很多母亲牵领着孩子的手被冲断,就这样母子被生生分离了。电视采访了很多战后遗孤,当问及与父母分离的地方,其中不少人回答是在奉天火车站。每当来到这座火车站,都有一种被深深刺痛的感觉。

奉天火车站的站前广场,要比火车站本身宽大得多,左右宽500m,纵深200m。红砖建筑包围的站前广场,不由令人想到明治维新以后建造于银座大街的伦敦小巷。而今老城区的北面又建起了一座巨大的沈阳北站,作为铁路火车站的功能,大部分都转到了那里。在那宽阔的站前广场周边,也是新建造的建筑群,但是,只不过是毫无特色的现代建筑的聚集,不知什么地方感到有些造作。相比之下,感觉还是奉天火车站与站前广场周围的统一高度、及统一建筑立面的红砖建筑更显漂亮。不知是否可以这样说,这里是一个典型的城市设计、建筑设计都有很大悬殊差别的城市景观。

照片5　旧奉天邮务管理局（1927年竣工）

大连

大连与上海一样，都是现今中国屈指可数的国际港口。旧满洲时期日本侵占中国时，大连起到了从日本入侵中国东北的重要门户作用。在日本占领东北之前，沙俄已对大连进行了大规模的城市开发。把从哈尔滨开始建设的东清铁路，一直向南延伸到大连火车站，乃至此前已经竣工的大连港。在大连港建造了造船厂和客轮码头。并在城区多处修建了大大小小的圆形广场，从广场中心开始，呈辐射状向外延伸，且相互贯通的道路，构成了城区的干道，从而形成了城区的道路骨架。并且确定了行政区、中国人街区、欧洲人街区等具体的城市区域划分。已经完成的主要建筑物有俄罗斯教堂、医院、发电厂、东清铁路的相关设施等等。以上就是日本占领大连时的状况。

日本在大连的主要建设，是从改造俄国建造的建筑开始的。俄国当时处于欧洲的边缘地带，对于多数日本人来说，接触真正的欧式建筑恐怕还是头一回。日本的建筑师们通过改造这些建筑，肯定从中学习到了不少东西。具体改造工程包括，将原来的达里尼饭店改成大和饭店，达里尼市政厅改成满铁本社。在改造过程中，日本的建筑师们一定对建筑技术的浑然不同感到愕然。从此以后，更要把自己建设的城市及建筑同俄国的遗产作比较，后来，这种动力促生了很多日本国内也未曾见过的杰作。

尤其是在现在的大连中山广场，代表大连的建筑有旧大和饭店、旧大连市政厅（现大连市劳动局、交通局、财务局）、旧大清银行大连分行（照片6）、旧朝鲜银行大连支店（现中国人民银行大连分行，照片7）、旧横滨正金银行大连支店（现中国银行大连分行，照片8）等著名建筑。其中大连市政厅的建筑设计最为独特，在建筑立面上，把日本式牌坊和曲线形屋檐组合起来，形成雨棚式的外观。这些设计往往容易成为矫揉造作的设计，但通过建筑师们的手巧妙地加以协调，效果相当成功（照片9）。

建于旧市政厅旁边的大和饭店，外观显示着庄重的氛围，这是一座四层建筑，在二楼地面和四楼地面上有一圈水平连接的腰线，这种做法突出了建筑的容积感。

再有，面对广场而立的横滨正金银行的外观，也是红砖和白色水泥拉毛饰面，而且，中央和左右两边对称的圆顶，使建筑外观产生出了很强的存在感。别具特色的建筑当属大连火车站和旅客码头。听说旧大连火车站是参照东京上野火车站的外观设计的，车站出入口为上下两层结构（照片10），很像空港，二楼为离站候车厅，一楼为到站出口厅，站前广场的上下行坡道从车站正面的两翼向前

照片6　旧大清银行大连分行外观全景（1910年竣工）

照片7　旧朝鲜银行大连支店外观（1920年竣工）

延伸，就像空港一样支配着周围的空间，形成了这一带的标志。从二楼候车厅向外挑出的下车站桥与火车轨道成直角对应，火车轨道与车站建筑走向平行，二楼候车厅的最里边是进站检票口。另外，旅客码头的长度相当大，直伸入海，就像要把港口包裹起来一样，类似三廊式长方形教堂的截面就像"小人糖"一样缓缓地伸展下去。中间为通道，上部有顶部采光，这在当时恐怕也是非常新颖的。两侧是旅客休息室，外侧用于停靠船舶。最繁忙时，码头两侧会有很多船靠岸，因旅客众多定会拥挤不堪。电影"末代皇帝"中，溥仪皇帝为家庭教师庄士敦送行的场面，就是在这里拍摄的。遗憾的

照片8　旧横滨正金银行大连支店外观（1910年竣工）

是曾为漂亮的圆形建筑立面,现已完全变成了直线结构形式。

　　那时,要从日本到满洲有两种方法,一是乘船从大连进入,再有就是从釜山先登上朝鲜半岛,再转乘通往奉天的火车。听说到奉天的车船票都可以在东京车站购买。先乘国内火车到下关,然后改乘摆渡到釜山,从釜山乘坐当时有名的特快亚洲号列车,就可以到达满洲了。亚洲号列车当时的时速可达120km,从釜山可直达新京(现在的长春)。时速120km是当时世界上最快的列车。据说满洲铁路曾设想通过海底隧道把日本本土与朝鲜半岛连起来,并直通到欧洲大陆。现在大连到沈阳的特快列车需要5小时左右,可是当时

照片9　旧大连市政府的曲线形前檐设计

照片10　旧大连火车站与旅客候车大厅外观(1937年竣工)

才只需用4个小时。

正是因为二次世界大战前已经拥有了这些高技术,所以在战后,为了配合东京奥林匹克运动会日本开通了新干线,据说当时震惊了世界。那时,凡初到满洲的日本人,恐怕对在日本本土不曾见过的这些铁路、车站、客船码头等,都要目瞪口呆,惊叹不已。

巴洛克式的城市结构、西洋式的建筑、冲水厕所等等,满洲的各大城市,尤其是大连成了城市规划师和建筑设计师可以实现梦想的地方。

新京（长春）

日本在满洲国曾经建设过的大城市有奉天、大连、新京、哈尔滨。但是,那时的哈尔滨已由沙俄基本构筑起了主要的城市结构,主要的建筑群业已形成。另外,在大连业已形成城市框架。奉天则是清朝第一代皇帝努尔哈赤建都时的盛京,市中心建有称之为故宫的宫殿。但是,新京（长春）,当时的沙俄并没有投入力量建设。要说是城市,当时也很小。在这个意义上说,日本的城市规划师及建筑设计师可从一张白纸状态,将自己的构思描绘在大地上,这一点也只有新京。从城市规划图可以看出,城市结构非常清晰,不存在任何干扰,是一座线路清楚的几何形巴洛克城市。从火车站站前广场开始,南北贯穿城市中心的一条轴线构成了城区的中心。轴线上的中心一带建广场,道路由广场向外呈放射状延伸,这是地地道道的巴洛克式城市结构。这座城市有一个特点,就是中心轴线的西侧还有一条与中心轴线平行的轴线,乍一看,像是脱离了整体而独立存在的这条轴线北侧,有一条半圆形的道路通过。在城市规划上看,这条道路的存在很显眼。这里就是过去满洲国政府的宫殿、行政厅所在地(图2)。

那时,新京是满洲国的首都,溥仪皇帝就曾住在这座宫殿里。宫殿的工程浩大,直到二次大战日本战败,也未完工。宫殿向南两

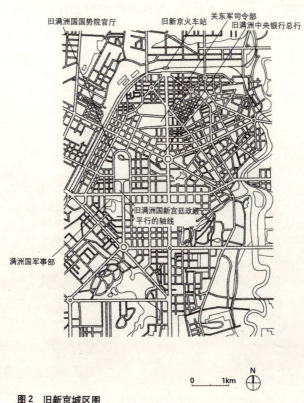

图2 旧新京城区图

侧是满洲国政府办公建筑。实际上，日本是以此为中心统治着整个满洲。从属于宫殿左右两侧而立的建筑是满洲国国势院（负责管理人口、生产、资源等情况）官厅和满洲国军事部。前者的外观使人联想到日本的国会议事堂，其规模堪称巨大，走近后感到压力扑面而来。与其说是威势逼人，毋宁说它是一块大石头，拒绝有人来访（照片11）。位于该建筑对面的满洲国军事部的建筑是一座瓦屋顶的混凝土建筑，而且，它的正面正好斜对着宫殿方向，丑陋的姿态就像是压制着傀儡政府一样。在大连、沈阳、哈尔滨并未见到过这样的建筑。新京的建筑毫无掩饰地把政治目的体现在了建筑物上，无论是建筑规模、建筑外观的表现形式、建筑材料等等，与上述两城

照片11　旧满洲国国势院官厅外观（1936年竣工）

市全然不同。最令人惊讶的是旧关东军司令部的建筑，这是日本式的城郭建筑，就像压制着周围一样屹立在那里。日本城郭式建筑是把简单的大屋顶直接坐落在四面墙体上，从外观上来看，有一种威力压人的感觉，它与一般把墙体与屋顶分段处理，显出轻快的建筑不同（照片12）。市内还保留着不少民间建筑。与其他城市相比，惊异地发现，这座城市中还有很多瓦屋顶的混凝土建筑，或酷似日本式的城郭建筑。值得特别介绍的新京建筑是建于中央广场的旧满洲中央银行总行的建筑。建筑结构极为简单，10根多立安式立柱面向广场，平顶式屋顶，多根檐口式构件水平连接。包括檐口在内，上部的厚度基本与柱子的高度是一比一，因此，外观给人一种笨重的感觉。但是，越近看，其建筑规模之大、柱子之粗壮、高度之雄伟，就会更令人惊叹不已（照片13）。一旦进入到建筑的内部空间，这些柱子所拥有的规模就越发显现出强大。在建筑的内部与外部尽管使用着相同的材料，但是感觉却不尽相同。这也许是因为建筑师最注重内部空间，而建筑外部只是作为结果表现出来。所以，内部很充实，在踏入建筑内部的瞬间，整齐规矩地站立在X轴和Y轴方向上的很多柱子，就会有一种扑面而来的感觉。

柱子比墙体更具空间力。在同样大小的空间里，没有柱子，只用围墙围起来的空间，与只用柱子支撑起来的空间相比，后者更显有气势。一旦立起柱子，在空间上就会产生磁力。

在这座银行建筑的大厅里，空旷如野，只有柱子均等地排列着。在大厅里走一圈，实际上会看到各种不同的空间。虽然像美国建筑师弗兰克·劳埃德·赖特那样任意变换空间也是一种设计方法，但是，这座银行建筑的大厅告诉了我们，即使在如此简单的结构空间里，也能诞生出丰富的空间来（照片14）。

虽然茹泽佩·泰拉尼（GIUSEPPE TERRAGNI）设计的丹泰乌姆（DANTEUM）建筑方案并没能实现，但如果看过CG效果图画面和建筑模型就会有同样的感受。该建筑家几乎把整个新京城都用瓦屋顶的混凝土建筑覆盖了起来，可他为什么要选用如此简单的建筑结构呢，这就是对该建筑家感兴趣的地方。

照片12　旧关东军司令部外观（1934年竣工）

照片13　旧满洲中央银行总行外观

照片14　旧满洲中央银行总行内部

第五章 神——绝对的支配力

1 马杜赖(印度)
遵从建筑轴线的城市中轴线

北印度与南印度有着不同的历史、文化及民族。历史上因雅利安人的入侵,原居住于北部的多拉维达人向南迁移,马杜赖可谓是多拉维达人的故乡。马杜赖位于印度南部的泰米尔纳德州,有人口120万,老城周围曾有城墙和城壕环绕,城壕后被英国的东印度公司填埋。马杜赖的城市结构是以市中心米纳库茜寺院为中心发展起来的。"米纳库茜"的意思是"鱼眼女神",按照佛教的三界六道轮回说,她是被湿婆恶神的妻子帕尔巴蒂同化了的印度教的一个神。同北印度的贝纳拉茜一样,自古以来,这里就是凝聚很多人信仰的圣地。

该寺院是一个230m×260m的巨大寺院,兴建的历史悠久。始建于公元8世纪,从12世纪到16世纪经过扩建,成为现在的模样。它是一个近似正方形的矩形平面,寺院整体由环绕中心的三道围墙构成。最外边的第一道墙是为了避开城市的喧嚣,保护神灵的安静，市民日常经过这道墙时，都会意识到米纳库茜女神的存在。穿过第一道外墙之后，并看不出是寺院，面前存在的依然是面墙。两墙之间只是夹着一个不可思议的空间。就是这个空间，近似我在埃及开罗伊本·土伦清真寺（参见90页）所看到的空间，是把喧闹的城市和神圣的空间分隔开的缓冲空间。在这里只是第一次看到有神存在的建筑墙壁而已（图1）。

从图中可以看出，三道墙围成的矩形平面坐落于十字交叉的两条轴线上，向着东西南北延伸。在东西和南北两条轴线分别与外侧墙四个边相交的位置上，共有四座塔形门（照片1）。从这四座塔形门向外拓展的大道通往城市的南北东西，构成了这座城市的结构骨架。亦可解释为，米纳库茜寺院的建筑结构直接扩大成了城市结构。向米纳库茜寺院外侧拓展的城区，过去又被第四道墙，即城墙包围起来，城墙外侧还有城壕环绕。

四座塔形门在印度语中被叫作"戈普拉"，坐落在长方形的基座上，往上逐渐变细，门的顶部就像用刀把圆柱体顶部削平了一样（照片2）。"戈普拉"宏伟壮观，高达48m，很远便清晰可见，令人感受到这座古迹构筑物在支配着这座城市（照片3）。从远处望戈普拉，只能见到它独特的形态，模糊的轮廓。渐渐走近后，建筑物的楼层、门户、屋顶等细部

照片1　米纳库茜寺院的塔形门（戈普拉）建在十字交叉的轴线上

都将慢慢清晰起来。走到跟前一看,表面上雕刻着无数的印度教佛像,活跃非凡。

这种轰轰烈烈的热闹场面,其内涵究竟是什么?它与禁欲背道而驰。原来是印度教的众佛喜欢热闹。在与神道空间,即与神殿建筑比较之后,便会一目了然,恍然大悟。前者如果说是用绝对丰富的装饰加以包装,而后者则可称得上是禁欲的排除装饰。此种手法,不仅印度教如此,亚洲的各种神佛似乎都喜欢热闹。尽管同为佛教,缅甸及泰国等地的寺院色彩及装饰要比日本、中国、韩国的佛教寺院更丰富多彩。或许神佛与死者就是喜欢热闹的气氛,巴厘岛等地在节日时要举行盛大的祭神舞蹈和音乐活动。神佛与死者不仅不反感这种嬉闹,反而更高兴,这完全是一种自然的考虑。

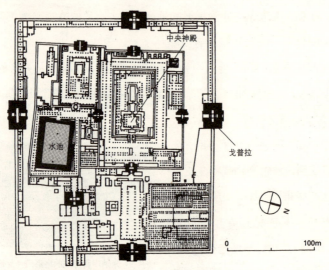

图1　米纳库茜寺院平面图

照片2　仰视戈普拉的外观

照片3　屹立在道路中央的戈普拉

亚洲各国的神殿及寺院建筑多有华丽多彩的装饰。无论是中国的佛教寺院，还是日本奈良时代的寺院建筑，柱子都是涂成红色，色彩极为艳丽。柱子上的枓栱、大枓、栱、散枓等等既是结构体，又有装饰作用。日本的日光东照宫的建筑装饰可谓瑰丽，供奉于此的德川家康定会很高兴。阳明门的各种装饰都是一些幻想的动物或植物，使用的色彩也以艳丽为多，似乎那里的空气也被融合了进去一样。印度建筑师访问日光时，欣喜若狂，兴奋地对我说"简直就是一座印度教建筑"。

米纳库茜寺院的戈普拉也丝毫不亚于日光，装饰考究，色彩绚丽。只是这座寺院的戈普拉的配置极富异样特色。通常的宗教建筑，为激发信仰者的期望与兴奋，增强其信念，越往里走，建筑与空间的规模就越大，然而，米纳库茜寺院却完全相反（照片5）。即，面向外部城市空间的戈普拉最大，而最重要的主殿的戈普拉反而最小。把外侧戈普拉建成最大的理由，是因为，戈普拉的正面有城区十字交叉的主要道路，要成为城市的主要标志，也许是为了给造访者留下难以磨灭的强烈的第一印象。

　　从第二道墙的戈普拉进去以后,即是柱廊不断的长廊空间。柱廊遮盖了第二道墙与第三道墙之间的全部空间,使之构成了一个整体。但是,柱廊各边的构思不同,柱头上既有各种不同的动物头像,也有抽象几何形态的复杂装饰,基本图案都是动物。在印度教看来,一切动物都是至高无上的神物。他们相信人的存在就是通过轮回,由各种不同的动物托生而来(照片6)。在四周环绕的柱廊当中,有的地方光线充足,有的地方几乎是不见光线的黑暗空间,色彩与装饰掩盖了整个墙壁和顶棚。不曾进入这一空间体验的人,绝不会理解这个空间的热闹与人声嘈杂。空气并不沉闷,到觉得很流畅,而且不是一个节奏地流动,好像有接触很多旋涡的感觉。第三

照片4　表面雕满印度教佛像的戈普拉

道墙有最后的戈普拉，但是，由于光线是从戈普拉的背后投射进来，所以，从长廊空间看不清戈普拉的容姿。当走近该戈普拉时，就会感到空气在随着戈普拉流动，实际是空气在流动，跨进戈普拉的地方是一个院内小庭园，空气从这里向空中流动，同时，空中的光线也从这里射进庭园，正是神赋予的光线把庭园正面的米纳库茜女神烘托了起来。马杜赖的城市结构就是以这个米纳库茜女神像为基点形成的。城市轴线从这里引出，向四方延伸，形成城市的主要干道，然后再像织网一样，从主要干道开始，向纵深发展，直到城市的各个角落，这里寓意的是这座城市的人与女神共为一体。

照片5　外高、内低的戈普拉

照片6　有动物浮雕（马）的柱子

2
伊斯法罕（伊朗）
与麦加轴心线交叉的城市中轴线

20世纪70年代后期，丹下健三事务所的工作集中到了中东。承接了杰达国王、皇太子宫殿；叙利亚大马士革的总统宫殿；卡塔尔的宫殿和政府中心大厦；利雅得的法伊萨尔·基金本部；约旦的亚鲁穆库大学；伊朗的饭店等工程。中东地区是以伊斯兰教的建筑为主。但是，由于日本人缺乏有关伊斯兰教方面的知识，或因习惯的不同，往往会做出一些错误的解释。例如，为设计一个几何图形的喷泉，曾经错将以色列常规三角形做成了上下颠倒组合的标记。好在事情发生在东京的研讨阶段，未酿成大事故。为此，在接手每项工作时，都会注意先去研究阿拉伯的建筑。

其中，伊朗的波斯建筑，尽管同属伊斯兰教式建筑，但其样式却与阿拉伯半岛的建筑截然不同。后来才慢慢了解到了其中的缘由。当初将两者作比较时，并未发现它们的差异。两者之间最明显的不同之处在穹顶,原来阿拉伯建筑中不采用穹顶。不过,也许有人会提出埃及开罗的苏丹·哈桑清真寺不是就有穹顶吗?其实,开罗的穹顶是源于土耳其样式。这些穹顶建筑,都是把爱亚·索菲娅清真寺及蓝色清真寺等拜占庭帝国的拉丁十字形基督教堂进行了改造的产物,就是用穹顶拱支撑起中央四个角的穹顶建筑。从清真寺的演变发展来看,土耳其清真寺属于原创,故差异很大。但阿拉伯与伊朗清真寺的平面布置倒是基本相同。

清真寺平面为矩形布局,首先要将清真寺建筑的中心轴线对准麦加方位。对于穆斯林来说,麦加方位甚为重要。他们无论在地球的任何地方,每天都必做五次祈祷。

为此,虔诚的穆斯林信徒即使到国外去时,也要像戴手表一样,随身携带一块能够辨别麦加方位的指南针。只要到了规定的时间,无论是在开会,还是在飞机上,每个人都会把祈祷用的小绒毯(90cm×60cm左右)铺在地上,开始祈祷。无疑,当时对准麦加方位最重要。

清真寺的中心轴线一定要朝向麦加,矩形平面的四周是围墙。这是因为,原来的祈祷空间是在空旷的沙漠当中筑起围墙开辟出的祈祷空间,而且,据说都要从确定麦加的方位开始。

后来,又在只有围墙的祈祷空间中,划出一半左右的空间,竖起立柱,加盖上了屋顶。清真寺的特点是,寺中没有祈祷对象的塑像,只有一个少许凹进去的象征性壁龛,叫做"米合拉布",表示麦加方位。中庭中央设有水池,用于祈祷前的沐浴净身。日本的神社、寺院，在参拜道路旁边也备有水池和长柄水勺。大概出自同一想法吧。

对这种水池有几种不同说法，其中有一种解释说，太阳映在池水中，可贴近真主。总之，在中东，将贵重的水引入中庭，对宗教的弘扬，起了不可低估的作用。除此之外，还有基督教使用的圣水（用于洗礼等）；佛教的供水（供奉在佛神前的水）等等，水在所有宗教当中都具有重要的作用。

此外，清真寺中还有高耸的尖塔，亦称光塔。从塔顶的眺台上传出嗓音清脆的古兰经清唱声，告知附近的人们到了祈祷的时间。从作用来说，有一座尖塔已足够，可是，像伊斯坦布尔的清真寺那样，在设计上，有的设计两座，或多达四座。上述内容是清真寺平面的基本构成形式。如果在世界地图上圈画出伊斯兰教的存在范围，就会发现，其势力范围包括非洲北部、阿拉伯半岛、巴基斯坦、孟加拉国、印度尼西亚、文莱、马来西亚，乃至从中亚到中国新疆维吾尔族地区，伊斯兰教横跨整个地球，形成了一条伊斯兰教环带。

世界的任何一个地区都有瑰丽的清真寺，其中最为精美的清真寺地区当属伊斯法罕。这座城市中，不仅集中了瑰丽的清真寺，而且还有各种精品的建筑。

伊斯法罕这座城市登上历史的舞台是从16世纪开始的，也就是肖·阿巴斯一世（1589～1627年）把伊斯法罕定为萨拉维王朝的首都以后，并积极致力于首都的繁荣昌盛，当时访问这里的欧洲人称赞伊斯法罕是"半天下"。

　　这座城市的中心是马斯吉德·伊玛目广场。在伊斯兰教世界里有着很多壮观的中庭和广场，广场周围都有柱廊环绕。颇具代表性的广场有，土耳其的伊斯坦布尔蓝色清真寺、叙利亚的大马士革倭马亚清真寺、埃及的开罗的伊本·土伦清真寺等的广场，然而，这些清真寺广场都远不如伊斯法罕的斯吉德·伊玛目广场。它不仅有480m×180m的大规模广场可以炫耀，仅就建筑构成就是一绝。广场四周环绕着高度相同，结构单元一样的上下两层建筑。一层是商店铺号，二层为拱形门窗开口，整齐划一。东西南北两条轴线在南北细长的广场上交叉。南侧有通往该广场最重要的组成部分，即马斯吉德哈基姆清真寺的大"伊旺"门，北侧有通往沙漠商队客栈与集市的北门，两门遥相互应。在东西轴线上，西有阿里卡普宫，东边有谢赫鲁特福拉清真寺。这四座建筑各具特色，正因它们的存在，为单调的广场增添了变化和亮点（图1）。

　　无论置于广场的任意位置上，四座建筑都能一览无遗。变换角度观看，四座建筑的外观迥然各异，赋予广场丰富的空间内涵。几座建筑中，马斯吉德哈基姆清真寺最为重要。其大"伊旺"门的大拱高27.4m，如此壮观宏大的广场，的确需要有这样高大的门作烘托。门的巨大空中轮廓统辖着整个广场，两肋东西轴线上的两座建筑成了它的陪衬（照片1）。

　　大"伊旺"门后边的马斯吉德哈基姆清真寺偏离广场南北轴线45°，不言而喻，偏离的原因就是清真寺的轴线必须对准麦加方位。

可能在建造这座清真寺之前,这个广场为了对应老城区的中心轴线早已建成。

一个偏离的角度,以及宏伟壮观的穹顶(约50m高),为广场增添了奇特的轮廓像,突显出了这座清真寺的标志性(照片2)。

在建筑上,如何调理清真寺与广场偏离的45°就成了一个难点。波斯原本具有以数学为中心的科学发展史,化学也有不容抹灭的历史,碱和酒精的英文叫法就都源于波斯语。高度发达的数学和几何学完全可以圆满实现复杂条件下的平面设计。

马斯吉德哈基姆清真寺的中庭设有四座左右对称的伊旺门。从清真寺一侧看,中庭正面的伊旺门里面呈45°V字形,另外,门的另一侧与广场和该清真寺的大伊旺门在一条轴线上重合,两座门之间有前庭。从广场一侧走进清真寺时,会感受到正面大伊旺门的威严。再往里走,便进入前庭,然后再从右手方向来到广场,正面的清真寺即展现于面前(图2),其空间的演变绝妙无比(照片3,4)。

穹顶建筑造型简单,形态就像洋葱头一样,有一个鼓鼓的肚子,没有多余的装饰和赘物,只是突出了自己的形态(照片5)。穹

照片1 直通马斯吉德哈基姆清真寺的广场中心轴线

照片2 清真寺偏离广场正门45°

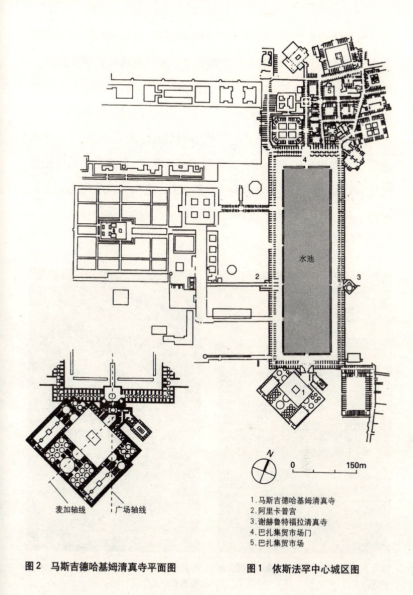

麦加轴线　　广场轴线

1. 马斯吉德哈基姆清真寺
2. 阿里卡普宫
3. 谢赫鲁特福拉清真寺
4. 巴扎集贸市场门
5. 巴扎集贸市场

图2　马斯吉德哈基姆清真寺平面图　　图1　依斯法罕中心城区图

顶空间与旁边的伊旺门及两侧柱廊空间连成一体,中间没有任何隔断,一直通向中庭,突出了空间的宽阔。穹顶建筑的顶棚上精美的阿拉伯式花纹令人叫绝,花纹中的植物极为精致、细腻,并呈现出完美的几何图案,令人瞬间忘却了建筑的规模与高度,陶醉于脱离现实的美感之中,真是一座超凡脱俗的宗教建筑(照片6)。中庭的建筑立面和伊旺门上也都有这种阿拉伯式花纹,目的是让构件使用混乱的建筑,能够有一个协调统一的式样。阿拉伯式花纹实际上是起源于阿拉伯文的书法,引用一节古兰经,向信徒述说伊斯兰教义(照片7)。

照片3 马斯吉德哈基姆清真寺正面的大伊旺门

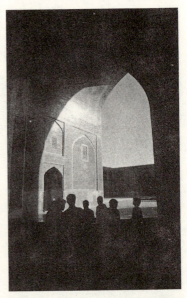

照片4 由通往马斯吉德哈基姆清真寺的前室看中庭

照片5 造型简单的穹顶

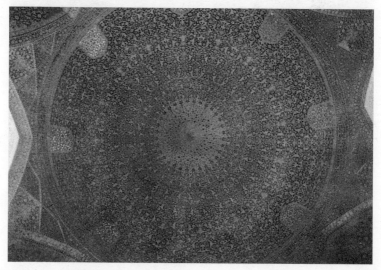

照片6 马斯吉德哈基姆清真寺的穹顶顶棚

广场东侧的谢赫鲁特福拉清真寺的规模虽不如马斯吉德哈基姆清真寺,但角度的偏离是一样的,利用走廊巧妙地从面向广场的清真寺伊旺门引导人们进入清真寺。虽然也可以说是两座清真寺,但如果从正面去看,清真寺大伊旺门与穹顶建筑清真寺的标高尚有偏差,这是当时在设计上的一种时尚。

位于广场西侧的阿里卡普宫的外观,就像把巨大的台座推到了广场一样,因切断连接广场四周的回廊,而独放异彩(照片8)。台座上部原来曾是国王的阅兵检阅台,台座上部面向广场的前半部分为木柱支撑的有篷顶的检阅台(照片9),木柱表面有极浓色彩的镶

照片7　阿拉伯花纹的墙面装饰

照片8　巨大台座突出的阿里卡普宫外观

照片9　有木柱支撑顶盖的国王阅兵检阅台

木装饰,该阅兵检阅台还兼作户外接待厅使用。台座上部的后半部分就是由数层建筑构成的宫殿。穹顶建筑的顶棚形状奇异,并有无数个大小相同的小孔一样的开口,制作工艺十分复杂。其背后似有恶魔潜伏一般,令人不寒而栗。

广场北侧的伊旺门默默地屹立在切断广场回廊的背后,真难以相信在这座伊旺门的背后,竟有纵横交错的通道把热闹非凡的巴扎集市和沙漠商队客栈连接了起来。

通道的顶棚是由很多小的穹顶连接而成,穹顶的顶部每隔一定距离开一个小天窗孔,这些孔与通道平行,按照透视图法连成一条光带,十分美妙(照片10)。巴扎集市上的货物应有尽有,随处可见各种手工作坊,特别是依斯法罕的锡铁镂金工艺非常有名。当时看到一个尚为小学生年龄的小男孩遭师傅训斥,却仍然低头专心致志地继续打钉,真是既可怜又深受教育(照片11)。

然而,最能代表依斯法罕的工艺品当属波斯地毯。店铺之多,

照片10 连通马斯吉德·伊玛目广场的巴扎集贸市场

照片11 依斯法罕的镂金工艺作坊

品质之佳堪称之最,听说最高档的地毯是丝织地毯。观察质量,要看地毯的背面,编织越致密质量越好。1cm见方的地毯由几根丝线编就,是买卖的关键因素。如说是十二,那就是一公分见方的地毯纵横均为十二根线编织。如说是九,就是九根线编织。数字越大,价钱越贵。为防受骗,不妨用打火机燃点一下线头,货真价实的真丝不会燃焦成硬块。依斯法罕的地毯与土耳其地毯并驾齐驱称雄于世界。

走在巴扎集市中,忽见从路边的一个开口来到了一个有中庭回廊的二三层建筑面前,原来,这就是古老的沙漠商队客栈,过去这里是沙漠商队住宿的地方。现在已经无人使用了,保持着一片宁静,但仍会隐约感受到过去的热闹气氛。

据说在17世纪,每隔32km就要修建一个沙漠商队客栈。客栈的平面布局与清真寺一样,带有中庭。从建筑学上看,最给人美感之处是,面对贯穿依斯法罕南北的气派的查哈尔·巴盖·阿巴斯·布尔巴尔大道,有一条马特拉塞·查哈尔·巴谷的大街。它把几何学的直线式建筑的巴扎集市变成了一条主干道,清真寺与沙漠商队客栈则建在主干道的两旁。

最后想要介绍的建筑是扎延德赫河上的桥。扎延德赫河位于城市南侧,呈东西流向,虽说是桥,但更确切地说,是非常气派的建筑。其中尤以卡珠桥最精美。它由上、下两层构成,下层是水闸,上层是道路(照片12)。道路的一侧是连续的拱形,构成面对河流的平台。据说国王曾经命令关闭桥下水闸,使水位上涨,他在平台上观赏船上的歌舞表演。中心部位是为国王准备的大平台，两侧有随从陪伴。据说英国汉德尔水上音乐就是专为英国国王乔治一世乘船出游而作的乐曲，依斯法罕究竟曾演奏了什么乐曲颇有奥妙。

照片12　建在扎延德赫河上的卡珠桥

3
耶路撒冷（以色列）
四大宗教聚集的都市

在世界城市中，恐怕没有比耶路撒冷的历史再复杂、再纠缠不清的城市。历史纠缠即指宗教聚集，包括人种、民族、文化即建筑的混合存在。耶路撒冷至今仍是犹太教、基督教、伊斯兰教的圣地，有城墙围绕的旧城区大致分为四个区，伊斯兰教徒区、基督教徒区、犹太人区及亚美尼亚人区。城市空间及建筑形式明显不同。从历史上看，据古书记载，远在公元前2000年的古代，耶路撒冷这个名字就已存在。公元前1000年左右，大卫国王就将犹太人的首都定为耶路撒冷，并开始进行城市建设，据说大卫国王之子所罗门国王建造了神殿。

据说这座神殿是在现在的城墙围起来的旧城区南侧，现在圣殿山建造的神殿被称为第二神殿，把这一时代就叫做第二神殿时代。后因罗马帝国的入侵，神殿惨遭破坏，建起了古罗马的朱庇特神殿。

到了公元7世纪，在阿拉伯半岛诞生了伊斯兰教，并以势如破竹之势扩展着他的领域，冲击波也波及到了耶路撒冷。圣殿山也很快被伊斯兰教占领，至此，曾为拜占庭时代的教堂就被改建成了清真寺，这就是阿克萨清真寺，据说这里是预言家穆罕默德的升天之地。后来在圣殿山的中心位置又建造了八角形平面，上为金色圆顶，又被称为圣石圆顶寺的欧麦尔清真寺。

十字军打着收复圣地的名义，征服了耶路撒冷，并对各种建筑物加以改造，开始用作基督教堂。十字军衰败后，伊斯兰教重新统治这块地方，一直持续到第二次世界大战。这些建筑几经改造、修建，成为现在模样，所以，随处可见复杂而混合存在的不同风格的建筑。

第二次世界大战以后，对治理这块地方有两个截然不同的协定，即侯赛因-麦克马洪协定和鲍尔弗宣言，从而，引发了中东战争至今不息，犹太人与巴勒斯坦人之间的民族战争连绵不断。

本人在中东滞留期间，不知多少次地碰到过这样的现实问题。被赶出家园的巴勒斯坦人逃亡到同为伊斯兰教的阿拉伯国家，所以巴勒斯坦人也成了猎取阿拉伯各国情报的人。阿拉伯人对巴勒斯坦人并非有多么宽厚，只希望把巴勒斯坦人用作廉价劳动力。

我曾于70年代长驻卡塔尔，80年代末长驻科威特，发现在科威特的巴勒斯坦人也毫无例外。科威特族自视为阿拉伯半岛中最正统的部族，连沙特家族也被说成是科威特族出身（根本比不上穆罕默德直系的约旦王室）。为此，科威特人引以为豪，又因该国拥有丰富的石油资源，有时会见到一些趾高气扬、令人生厌的人。他们可为政府高官，挣取高薪，但是，办公室里却见不到这些人的人影，而由巴勒斯坦人处理日常业务，然而巴勒斯坦人并得不到什么优厚的条件。本人在科威特时就听到煞有介事的传闻，说是科威特的巴勒斯坦人通过伊拉克的巴勒斯坦人联系萨达姆·侯赛因要攻打科威特。

阿拉伯人与犹太人之间围绕着这块土地的对抗结果，以拥有军事优势的犹太人在其圣地——迦南地区建立了实现民族夙愿的犹太国家。但是，耶路撒冷旧城区对犹太教、基督教、伊斯兰教来说，都是重要的圣地，故通过协商分而治之，圣殿山上的清真寺归属伊斯兰教；橄榄山的圣墓教堂一带归属基督教；"哭墙"归属犹太教，三大宗教同时治理这块地方。创建了史无前例的城市形态。城市的最大象征是占地面积最大的圣殿山，就像俯瞰旧城一样，巍然屹立。

所罗门神殿历经很多征服者的破坏和重建，尤以西墙见证了它的沧桑。现在此墙高 21m，从地面到第七层的石砌墙被认定为第二神殿遗迹。七层以上的4层为罗马时代加砌的墙，再往上就是伊斯兰教统治和土耳其统治时期的石材砌墙，据说从现在的地面往下还埋有17层墙。犹太教现在祈祷用的"哭墙"，就是建第二神殿时代的石砌墙，即从地面以上到第七层的墙（照片1）。"哭墙"前面有一个大广场，要进入广场，或由粪厂门直接进入；或穿过伊斯兰教教徒区内的狭窄密集的商店胡同，从大马士革门进入（照片2）；或从有大卫塔的雅法门进入。无论从哪个门进入，都没有进入车辆的余地，也见不到一个像样的广场空间，都是一些七零八落的小建筑群，迂回曲折的小胡同。来到"哭墙"前的广场时，如同是从有限的视野世界，进到了另外一个完全相反的世界，与

照片1　犹太教徒的"哭墙"

先前的城市空间彻底改变了形象,这种反差真不应该出现在宗教性的表现上。广场面对"哭墙"形成一个向下行的缓坡,人们的视线自然与高出地面很多的上方墙面一致起来。由刚才还零散破碎的单体,忽然一下子变成了长而高大的一面墙壁,作为一个全景画面占据了整个视野。这种令人惊异和兴奋的手法,不亚于费兰克·劳埃德·赖特常把人从无限低矮压抑的空间,骤然引入高大顶棚空间的做法。但是,这里的情况与建筑物不同,这是在城市空间里完成的结构构成,非常精彩,绝妙无伦(照片3)。

抬头即可见到,"哭墙"偏上一点的位置上,有一座伊斯兰教标志的清真寺。在可称为犹太人圣地的这面墙的上方,居然还可以

照片2 大马士革门全景

看到异教徒的、而且是至今还在继续战争状态的伊斯兰教标志,实在令人难以理解。然而通过广场的巧妙表现,让人无暇顾及这种事实,其实广场与周围的城市空间拥有着让人放弃那种偏见的力量。如果不是穿行凌乱街道,而是直接进入广场,就决不会唤起如此的感受。

面对"哭墙"继续往前走,视线就会慢慢地转向下面的墙面,靠墙越近,顶部墙面就越远离视线,从而也就越发强调了这面墙的存在。信徒到达"哭墙"之前的期待与激动,在不知不觉中得到增强,当用手触摸到墙时,兴奋的心情无以伦比。

综观历史性的宗教建筑以及皇宫建筑,几乎都是采用上行的坡

照片3 "哭墙"广场

道，日本的神社寺院建筑也不例外。反之，采用下行的坡道，实属罕见。利用台阶或过廊等作引道时，上行坡道表现出的效果会更好一些。据说耶稣被判死刑以后，是身背十字架，走向各各他山丘，他途中穿行的耶路撒冷旧城比阿·多洛罗萨路，即"苦难路"，是一条迂回曲折的小胡同，而且需要拾阶而上。各各他山丘慢慢出现在眼前的效果，也是上行坡道制造出来的（照片4）。

如果再加上视觉的感受，其效果会更为突出。在罗马教廷的圣彼特教堂里的斯卡拉·列吉阿，拾阶而上的过程中，感觉不到宽度的变化，实际上台阶的宽度在一点点缩小，使来访者感觉到走过的距离要大于实际的距离。就是不走路，在视觉上也有远近效果，突出了距离感，加之上、下的三维效果，还会使效果倍增。

据说希特勒在进行政治谈判以及接见国外客人时，也曾采用过类似的手法。来访者在到达希特勒的房间时，会因未理会的疲劳和紧张而感到恐慌。话说到此并未结束，希特勒还通过在背后

照片4 耶稣身背十字架走过的比阿·多洛罗萨路（苦难路）

开窗采光的手段,击垮从黑暗中战战兢兢走出的人。毫无疑问,希特勒十分懂得建筑空间的表现能力,并利用纳粹的种种繁文缛节,以至制服、兵器等一切东西,都要把表现和设计的效果,发挥得淋漓尽致。

在历史上,正是因为政治家都迷信自己的权利,很少有人把建筑物作为表现权力的工具,只是一味地攀比建筑规模及高度。然而,宗教不是对权利的崇拜,必须表现出肉眼见不到的神,而且要打动信徒的心灵,利用建筑、园林景色、以至一切祭祀道具等都要彻底地作为工具表现出来。追溯过去的建筑历史,几乎所有建筑风格都来自于宗教建筑。

实地旅游信息

本书所述的19个地区,皆是笔者亲自游历过的地方,基本上是一个人去的。只有吐鲁番、萨那、吴哥窟、阿勒颇城等地是与我的朋友、建筑师原尚君先生一同去的。我这个人,或许是长年在海外生活的原因,所去之处事先没有周详的计划安排,到达目的地城市后,收集完资料,就又开始转移。这里仅向大家介绍本人收集到的一些信息,并衷心希望各位读者也能到这些地方去观光访问。

第一章

• 吐鲁番

从北京到乌鲁木齐乘飞机需3个小时,从乌鲁木齐乘出租车或公交车,到吐鲁番需要4~5个小时。如果乘出租汽车,途中可以随意叫司机停车。时间不充裕的话,最好乘出租车。途中沿河而下。

到吐鲁番的另一途径,是先到西安游览历史古迹,然后再乘飞机到敦煌。在敦煌逗留观光之后,再乘出租汽车,或公交车到柳园火车站,在柳园搭乘夜行卧铺车,第二天早晨即可到达吐鲁番火车站。从吐鲁番火车站到吐鲁番市区需要搭乘公共汽车,路程约2小时。

• 乌兰巴托

每年4月到10月有从大阪直飞乌兰巴托的飞机,飞行时间大约4小时。另外,还可取道汉城或北京到乌兰巴托。由于季节的原因,7月上旬去最好。到了8月下半月那里的天气已经相当凉了。

• 阿布贾

前往阿布贾,需要从东京绕道欧洲。欧洲的每个城市都有很多飞往尼日利亚老首都拉各斯的航班,从拉格斯再转乘飞机就可到阿布贾。如果到了拉各斯最好顺便去看一下象牙海岸的阿比让,并看看马里的通布图古迹。时间充裕的人还可以从这里乘巴士前往摩洛哥。

• 婆罗州

要从东京到斯里巴加湾的话,马来西亚的吉隆坡或新加坡都有很多航班。顺访途经的城市也是件快事。前往联排式多户住宅的方法之一,就是在斯里巴加湾市乘游艇到东马来西亚的林班港,然后再乘出租车前往。

第二章

• 拉萨

赴拉萨,基本上都是从四川省的成都前往,在成都旅行社取得前往拉萨的许可证。北京或上海都有很多航班飞往成都。成都是一座历史悠久的城市,三国时期曾为蜀国的国都。并奉劝诸位由成都都能到云南省的丽江看一看。由成都进入拉萨以后，因为易患高原病，需要特别注意。到达拉萨的当天最好在饭店里静卧休息。

• 萨那

大阪有阿联酋航空公司飞往迪拜的飞机，同一家航空公司在迪拜有飞往萨那的航班。另外还可以从欧洲各大城市前往萨那的路线。要前往希巴姆，萨那有飞往萨尤恩（Sayun）的飞机，由萨尤恩再乘不到一小时的汽车即到希巴姆。时间充裕的人，利用一天时间看看散落于旱谷中（Wadiah·down）的城市也很不错。

• 开罗

从东京到开罗有很多途径。如果去开罗建议取道伊斯坦布尔。伊斯坦布尔是一座百看不厌、神秘的城市。到开罗以后，应去看看卢克索王府谷（德鲁埃尔巴哈利），然后再到阿布辛贝勒寺看一看。

• 科伦坡

东京有直飞科伦坡的飞机，此外还有途经新加坡、曼谷等地的航线。由科伦坡可以观光北部地区的锡吉里耶、丹布勒等世界文化遗产，建议一定入住巴瓦设计的坎达拉玛饭店。并且，由科伦坡南下直到加勒，沿西海岸一游，途中沿岸有几座巴瓦设计的饭店。

第三章

• 斯里巴加湾市

从东京出发，途经马来西亚的科伦坡或者新加坡到斯里巴加湾市很方便，航班很多。

• 吴哥窟

去吴哥窟旅游，可从首都金边乘飞机飞往暹粒，路程约一小时。从暹粒乘汽车去游览吴哥王城遗址、吴哥窟，最好包一辆出租车。只要告知司机要去的目的地，司机便会高效率地引导客人游览，当然需要事先谈好价钱。

• 河内

近年已有日本直飞河内的飞机，也可以绕道香港。日本常有团队旅游到越南，请不要错过观赏水中木偶戏。据说越南的料理受到曾经统治过这里的中国和法国料理的影响很深，其味道没得说，劝君可一路品尝。笔者设计的公寓位于西湖的南侧。

• 杜布罗夫尼克

罗马、威尼斯、贝尔格莱德等城市均有飞往杜布罗夫尼克的飞机，由机场乘上汽车，沿亚得利亚海海岸盘山道行进，汽车行驶途中，会有很多建在山坡上的宾馆和高级别墅值得一看。最好在6、7月到杜布罗夫尼克去，那时的天气晴朗宜人。

第四章

• 昌迪加尔

从新德里到昌迪加尔需要一小时的路程。在昌迪加尔市最好包租一天的出租车，先看看卡皮托利区的建筑，然后再慢慢游览这里的大学和美术馆，以及勒·柯布西耶设计的市内建筑。这里到处可见勒·柯布西耶的设计作品，以及受其影响设计的建筑。最好先通过勒·柯布西耶作品集和图书，了解一下各建筑所处的位置。时间充裕的人可取道孟买入境，这样，可以到奥兰加巴德，游览一下埃洛拉石窟群、阿旃陀石窟，还可游览乌代布尔的莱克·帕列斯饭店、斋浦尔的天体观测建筑群、粉红色城、风之宫等名胜，还可以到阿格拉，游览泰姬·马哈尔陵、法塔赫布尔西格里等。如果到艾哈迈德巴德的话，还能见到勒·柯布西耶的住宅（萨拉巴依官邸、肖旦官邸）以及美术馆，卡恩的经营学校、阿达拉吉的水井等。

- 平遥

由山西省省会太原乘车2小时就可到达平遥。途中还可顺访"乔家大院"壮观的建筑群。从北京到太原乘飞机需要一小时，乘火车需要10个小时。

- 阿勒颇

从大马士革坐出租车或公交车都可以到阿勒颇。先去看巴尔米拉古迹，再到霍姆斯城，霍姆斯城距克拉克·代·休巴利耶城也很近。并建议在前往阿勒颇得途中，顺便驻足哈马，让世界最大水车一饱眼福。

- 旧满洲地区

如果想走遍旧满洲地区的主要城市，最好从大连入境。日本各地均有直飞大连的航班。从大连乘特快列车到沈阳（老奉天）需要5个小时，沈阳到长春（老新京）同样乘特快列车约需4个小时左右。再从长春到哈尔滨，火车或汽车均需要约4小时。

第五章

- 马杜赖

孟买、德里都有飞往马杜赖的飞机。由日本到马杜赖的另外一条路线是，绕道加尔各答，可先在加尔各答参观一下其周边的布里、戈纳勒格的太阳神庙等，从这里到马德拉斯，再取道空路前往马杜赖。由于机会难得，归途中应顺道到科钦和果阿看一看。

- 伊斯法罕

由日本到伊斯法罕需途经德黑兰，由德黑兰再乘一个小时的飞机即可到达。在伊斯法罕逗留时间最好安排得宽裕一点。既然已经到了伊斯法罕，不妨南下到古城设拉子。由设拉子乘车约1~2个小时即可到达波斯波利斯。设拉子也是建筑师穆萨比·拉希德的故乡。归程也可以从德黑兰到里海去一趟，里海的鱼子酱属伊朗的最好。

- 耶路撒冷

欧洲各大城市都有直飞耶路撒冷的航班。但也有非常规的入境方式，即由约旦的安曼到耶路撒冷的方法。如果护照上一旦加盖了以色列的印章，就不可能再进入其他阿拉伯国家，所以，约旦只需一纸证明就可轻易进出。到了安曼的话，也就很容易到佩特拉和杰拉什古迹、死海参观游览。耶路撒冷的旧城应该好好地转转，一定会有大的发现，尤其是对建筑师来说，更应该去看一看。

后记

本人平生第一次到的国外机场是沙特阿拉伯的吉达机场,那已是1977年5月的事了。当时的吉达机场简陋得就像土筑小屋,根本没有空调设备。那里的人都身着白装束,头戴黑巾包头的民族服装。对初次见识国外的人来说,是一个不小的文化冲击。

之后到利雅得呆过一段时间,后来去了卡塔尔的多哈,前后在外逗留了半年左右。归国时正值新年休假,便利用这一机会,到埃及、希腊、罗马转了一圈。由于是初次在海外,并有幸游览这些城市,心情格外激动。然而,不可思议的是,这种激动的心情随着对欧洲的接近,慢慢地淡漠了起来。

从埃及的金字塔开始,到希腊的巴台农神庙、古罗马圆形剧场和遗迹,在巡游过程中,建筑物给我的撞击力却不断地减弱。金字塔的冲击如果说是绝妙的感受,那么,看完巴台农神庙之后,再看罗马、巴黎的时候,几乎没有了新鲜感,充其量感到是建筑物的某种变形或升华而已。现在回想起来,或许这种体验是让我走向处女地的开始。从此之后,本人开始了在世界各地的工作及旅游。

我曾在中近东、非洲呆过,此后的一段时间,又在意大利的博洛尼亚、法国南部的戛纳、巴黎等地工作过。这一时期的记忆乃至印象出奇地淡薄。细想一下,与中近东、非洲相比,在现代文明的观点上,欧洲与日本也没有多大差别。后来,伴随亚洲经济的增长,工作开始转向工作量增大的亚洲地区。不管说建筑行业如何了不起,但是,如果没有前提条件,建筑在现代社会体系中也是难以为继的。正是由于有了这个前提,我才有机会到新加坡、马来西亚、文莱等国。

除去书中列举的几个实例之外,还曾有机会在世界各地工作过。所到过的地方并非都是落后的国家(这种说法曾被视为恶意的用词,后来变成了发展中国家的说法。无论哪种说法,都是按照西方物质文明的偏见进行的分类),在上述意大利的博洛尼亚、罗马,巴黎、地中海的戛纳等地,以及欧洲各国也都逗留过。虽说当时有过愉快的记忆,但分析一下这些经历,究竟有多少变成了自己的血与肉呢?真的没有什么自信。想一想,日本在明治维新以后,乃至现在,都被西方文化所吞噬,出于对西方文明的无条件肯定,构筑了日本全部的社会活动及文化活动。日本被外人称之为非常能模仿的民族,以及没有自主创造性的民族,这也许是理所当然的。

自古以来,人类便不断地改造着自己所在的居住环境、居住空间,并不断地建设。后来,便成为智慧的结晶,被加以荟集继承。但是,人们过于依赖20世纪的近代科学,致使这些人类睿智有很多正在一点点地丢失。石油与原子能被全面地应用;室内环境也可以人为地得到控制;不久有可能在赤道也能出现玻璃的超高层建筑。

由此造成的地球环境破坏、乃至无法遏制的 CO_2 的增多等等问题。修复已经伤痕累累的地球,乃是21世纪的当务之急。欧美已经开始采取很多措施,而在日本,特别是在建筑领域里,对这些问题的认识,可以说是极低的。

面对未来,现代的日本教育,究竟从目不能及的众多人类智慧中,特别是从城市以及建筑空间,我们要学习些什么?这就是本书想要提出的问题。

书中所有实例皆为本人靠双脚走过,凭双眼见过。本书通过世界各地区的实例,对城市与建筑进行的考察,完全凭借自己的五官,以自身的感性与直觉,汇总了所见所闻。

本书开始动笔已是十年前的事了,与彰国社的土松三名夫先生开始约稿以后,现在已经过了很长的时间。土松先生不止一次地打来电话给予鞭策激励,如果不是土松先生弃而不舍的耐心陪伴指点,这本书的出版肯定早已夭折了。

写书需要花费大量的精力和时间。插图的管理、排版印刷等均烦劳事务所的人员,在此,谨表示衷心的感谢。

所有的原稿共花费十年时间,几乎都是在国外出差途中的飞机上,写于大学笔记本上的东西。不仅字迹潦草,而且在写的过程中,还不时追加内容或修改,常人绝非看得懂。直到去年3月份,方由曾为秘书的池田裕子女士十分耐心地完成了打字工作,而且有时还要核对文章,着实令我钦佩。在此奉上我的谢意。

回顾过去,自1977年以来,有幸常驻或访问过各种各样的国家,虽说已有九十个国家之多,但是,我的旅行仍在继续,不断地寻求新的刺激与赐教。

古市彻雄
2004年2月

图的出处（部分线图由作者根据以下文献制作）

"モンゴルの馬と遊牧民" 野沢延行著／原書房／一九九一年　'37页图3'
"中国伝統民居建築" 汪之力主编／山東科学技術出版社／一九九四年　'186页图2'
"全調査東アジア近代の都市と建築" 藤森照信・汪坦監修／大成建設／筑摩書房／一九九六年　'198页图1、207页图2'
Chinese Architecture, LAURENCE G.LIU, ACADEMY EDITIONS, 1982　'75页图1'
ISLAM, CASSEL LONDON, 1972　'94页图1'
Encyclopedia of World Architecture 2, Henri Stierlin, Office du Livre, 1983　'124页图1、图2、214页图1、223页图1、图2'
Le Corbusier Oeuvre compléte Volume7・1957-65, Bikhäuser, 1995　'163页图2、166页图3、169页图4、170页图5、174页图6、图7、176页图8'

参考文献

"アジアの都市と建築" 加藤祐三編／鹿島出版会／一九八六年
"街道を行く5　モンゴル紀行" 司馬遼太郎著／朝日新聞社／一九七八年
"空間へ" 磯崎新著／美術出版社／一九七一年
"図説世界古代遺跡地図" ジャケッタ・ホークス著／原書房／一九八四年
"図説世界史" 東京書籍／一九九七年
"図説'満州'都市物語　ハルピン、大連、瀋陽、長春" 西沢康彦著／河出書房新社／一九九六年
"世界の村と街No2　アドリア海の村と街''ドブロフニク'" 横山正文・解説／エーディーエー・エディタ・トーキョー／一九七四年
"チベット／天界の建築" 友田正彦著／INAX出版／一九九七年
"中国文明の成立" 松丸道雄・永田英正著／講談社／一九八五年
"中国民居の空間を探る" 茂木計一郎・稲次敏郎・片山和俊著（東京藝術大学中国住居研究グールプ）／建築資料研究社／一九九一年
"庭園倶楽部——日本庭園の'ありよう'を求めて" 稲次敏郎／ワタリウム美術館／一九九五年
"日本建築の形と空間" ノーマン・F・カーバーJr.著　浜口隆一訳／彰国社／一九五五年
"CA 30 Le Corbusier"'チャンディガール'吉阪隆正文／エーディーエー・エディタ・トーキョー／一九七四年
"Le Corbusier" Vol.1~8　エーディーエー・エディタ・トーキョー／一九七九年
Architecture for a changing world, FISA

Architecture without Architects, Bernard Rudofsly, Double day, 1989

Collective African Art, Christie's London, Studio Vista, 1979

GEOFFREY BAWA Revised Edition, Brian Brace Taylor, Thames & Hudson, 1996

geoffrey bawa: the complete works, David Robson, Thames & Hudson, 2001

INDIAN ARCHITECTURE, Percy Brown, TARAPOREVALA, 1990

Islamic architecture, John D.Hoag, Electa/Rizzoli, 1975

LUNUGANGA, Geoffrey Bawa, Christoph Bon, Dominic Sansoni, Times Editions Pte Ltd., 1990

MODERNITIY AND COMMUNITY: ARCHITECTURE IN THE ISLAMIC WORLD, KENNETH FRAMPTON, CHARLES CORREA, DAVID ROBSON,Thames & Hudson, 1997

MONUMENTS OF EGYPT ·THE NAPOLEPNIC EDITION, Charles Coulston Gillispia, Michel Dewachter, PRINCETON ARCHITECTURAL PRESS,2000

NIGERIAN WEARING, Venice Lamb and Judy Holmes, Shell, 1980

Oriental Architecture, Mario Bussage, ABRAMS, 1992

Persian Architecture, Arthur Urban Pope, SOROUSH, 1982

The Dance, Art and Ritual of Africa, Photographs by Michel Huet, Text by Jean-Louis Paudrat, Collins, 1978

The Landscape of Man, GEOTTRAY AND SUSAN JELLICOE, THAMES AND HUDSON, LONDON, 1975

作者简历

古市彻雄

1948年	出生于福岛县
1973年	早稻田大学理工学院建筑学系毕业
1975年	同大学院硕士毕业
1975~1986年	丹下健三·城市·建筑设计研究所工作
	在欧洲、中近东、非洲、东南亚地区的工程项目中,曾参加过工作或常驻在工程现场
1986年	参加建筑师五人小组成立工作
1988年	成立古市彻雄·城市建筑研究所
	历任早稻田大学、东京理科大学、日本大学建筑系研究生院的兼职讲师
现在	千叶工业大学工学院建筑学系　教授
主要作品	宫泽贤治伊哈托布馆、佐世保珍珠海洋中心、棚仓町文化中心、北会津村办公楼、花卷体育馆、福岛县会津若松高科技广场、栃木县立淡水水族馆、九品寺本堂·骨灰堂、真驹内六花亭会馆、布鲁诺市城市中心、河内西湖共同管理公寓等等。

主要活动

1994年~	在越南、马来西亚、泰国、蒙古、中国、韩国等地,与所在国的建筑师共同组织展览会;专题讨论会;报告会。在东京组织、并举办了包括美国、墨西哥、智利等国在内的环太平洋建筑师会议。
2001年~	在伦敦、慕尼黑、布拉格、巴塞罗那、布拉迪斯拉发等城市举办个人展
主要获奖项目	JIA新人奖（佐世保珍珠海洋中心）、AIA·BUSINESS WEEK & ARCHITECTURAL RECORD AWARDS(九品寺骨灰堂)，最佳设计奖（真驹内六花亭会馆），公共建筑奖（棚仓町文化中心、屋久杉自然馆）